埕岛地区油气成藏
动力系统研究

RESEARCH ON THE DYNAMIC SYSTEM OF
OIL AND GAS MIGRATION AND ACCUMULATION IN CHENGDAO AREA

时丕同　樊长江　王优杰　著

U0311587

中国石油大学出版社
CHINA UNIVERSITY OF PETROLEUM PRESS

图书在版编目（CIP）数据

埂岛地区油气成藏动力系统研究/时丕同,樊长江,
王优杰著. —东营:中国石油大学出版社,2018.5
ISBN 978-7-5636-6024-7

Ⅰ.①埂… Ⅱ.①时… ②樊… ③王… Ⅲ.①埂岛油
田—油气藏形成—动力系统—研究 Ⅳ.①P618.130.2

中国版本图书馆 CIP 数据核字(2018)第 096617 号

书　　名:埂岛地区油气成藏动力系统研究
作　　者:时丕同　樊长江　王优杰

责任编辑:穆丽娜(电话　0532—86981531)
封面设计:青岛友一广告传媒有限公司

出 版 者:中国石油大学出版社
　　　　　(地址:山东省青岛市黄岛区长江西路 66 号　邮编:266580)
网　　址:http://www.uppbook.com.cn
电子邮箱:shiyoujiaoyu@126.com
排 版 者:青岛友一广告传媒有限公司
印 刷 者:北京虎彩文化传播有限公司
发 行 者:中国石油大学出版社(电话　0532—86981531,86983437)
开　　本:185 mm×260 mm
印　　张:8.5
字　　数:186 千
版 印 次:2018 年 6 月第 1 版　2018 年 6 月第 1 次印刷
书　　号:ISBN 978-7-5636-6024-7
定　　价:42.00 元

前　言

　　动力是地学研究的主要趋势,油气成藏动力系统是一个内涵丰富的概念。石油地质学的发展已经从静态地、独立地研究和评价一个地区的生、储、盖、运、圈、保等油藏形成的基本要素,发展到将一个地区的这些成藏条件当作一个整体的、动态演化发展的系统加以研究,形成了"含油气系统"和"成藏动力系统"的概念。

　　含油气系统只看到地质要素和地质作用相联系的一面,而忽略了流体运动,没有考虑油气生成、运移和聚集的动力学系统和过程及其控制因素。成藏动力学系统是在地球动力学分析基础上引入系统论思想后产生的一门新学科,是对油气成藏过程和力学机理进行定量研究的思想和方法。成藏动力学系统以一期或多期油气成藏过程中从油气源到油气藏的统一动力环境系统为单元,定量研究油气供源、运移、聚集的机理、控制因素和动力学过程,较好地考虑了油气生成、运移和聚集的动力学过程,是对含油气系统研究的发展和有益补充。

　　埕岛地区位于济阳坳陷与渤中坳陷交汇处的埕北低凸起的东南端,处于三个生油凹陷包围之中,是一个典型的复式油气聚集区。本书以油气分布规律分析为基础,运用成藏动力系统理论,对埕岛地区的成藏动力系统进行了划分,分析了不同成藏模式的动力机制,对埕岛地区各区带、各层系进行了评价,并指出下一步勘探方向。本书所介绍的研究成果对埕岛地区勘探新领域和新目标的发现具有重要的指导作用,对我国类似地区的油气勘探也将具有重要的参考价值。本书可供从事油气勘探工作的科研工作者、工程技术人员参考。

　　由于时间仓促、作者水平所限,书中错误、疏漏之处在所难免,恳请同行专家和读者批评指正。

作　者

2018 年 4 月

目　录

第一章
油气成藏动力系统国内外研究现状

近几十年来,国内外刊物及会议上有关"含油气系统"的文献与报告十分丰富,形成了一个含油气系统研究的热点,并促进了这一概念的不断发展和完善。含油气系统(petroleum system)又称石油系统,是介于含油气盆地与油气聚集带之间的油气地质概念,它综合了油气藏形成的新观点,主要研究含油气盆地中油气的生、储、盖、运、聚、保的时空配置关系及其演化规律,并作为一个有机统一的整体进行研究,以期解决油气地质勘探中的实际问题。含油气系统仅考虑了地质要素和地质作用相联系的一面,但忽略了流体运动,没有考虑油气生成、运移、聚集的动力学系统和过程及其控制因素。成藏动力学系统是在地球动力学分析基础上引入系统论思想后产生的一门新学科,是对油气成藏过程和力学机理进行定量研究的思想和方法,以一期或多期油气成藏过程中从油气源到油气藏的统一动力环境系统为单元,定量研究油气供源、运移及聚集的机理、控制因素和动力学过程,较好地考虑了油气生成、运移和聚集的动力学过程,是对含油气系统研究的发展和有益补充。

第一节　含油气系统国内外研究现状

一、含油气系统概念的由来

"石油系统"(oil system)的概念是 1972 年美国石油地质学家 W. G. Dow 在丹佛举行的 AAPG 年会上首先提出的。两年以后,Dow 以油-源相关性为基础,提出了生-储油系统(source-reservoir oil system),他认为每个石油系统包含一套烃源岩和一组储集岩,被盖层封闭而与其他石油系统分隔。1980 年,A. Perrodon 首次使用了"含油气系统"这一术语,指出"一个含油气区是各种地质事件在空间和时间上相配置的最终结果,可称其为含油气系统"。1984 年,Demaison 将这种系统称为生油盆地(generative basin);同年,Meissner 将这种系统描述为烃类体系(hydrocarbon machine)。1986 年,Ulmishek 认为"油气的生成、运移和聚集、保存过程基本上是独立的,与外界无关",因而称之为独立的含油气系统(independent petroleum system)。这些概念都与 Dow 最初提出的生-储油系统的定义相似。此后,兴起了含油气系统研究热,诸多学者对含油气系统进行了深入讨论,使这一概念与理论体系得到不断发展和完善。1994 年,Magoon 和 Dow 等编写的 *Petroleum System from Source to Trap*(AAPG Memoir 60)一书出版,对含油气系统的概念、识别特征、研究方法及其在勘探上的应用做了系统性的总结,并介绍了包括世界东、西半球的近 20 个研究实例,标志着含油气系统研究正日趋成熟。

二、含油气系统的定义和内涵

尽管许多学者对含油气系统的概念做了各具特色的表述,但都必须从系统论的观点来认识其科学内涵。目前较为普遍接受和广泛应用的含油气系统概念是 Magoon 等所总结的,即"含油气系统是沉积盆地中一个自然的烃类流体系统,其中包括活跃的生油洼陷,所有与之有关的油气及油气成藏所必需的地质要素及作用"。所谓"活跃的生油洼陷",是指地质历史时期曾经活跃的生油洼陷,但现在也许已不再活跃或已消耗殆尽。所谓"油气",是指赋存于各类储层中的原油、凝析油、重油、天然气及固态沥青等高度聚集的任何烃类物质。"地质要素"包括烃源岩、储集岩、盖层及上覆岩层等静态因素。"地质作用"包括圈闭的形成及油气生成—运移—聚集过程。"系统"一词描述相互依存的各地质要素和地质作用,这些地质要素和作用组成了形成油气藏的功能单元。这些基本要素与作用必须在时间和空间上相配套,才能使烃源岩中的有机质适时生油并形成油气聚集。根据生油并形成聚集的可靠性,将含油气系统划分为 3 个等级,即已知、假想和推测。可靠性等级实际上是一个油源可靠性问题,它指明了一个油气藏中油气源于某一成熟烃源岩的可靠程度。对于已知的含油气系统,油气藏中的油气与烃源岩之间的地球化学指标具有良好的可比性;对于假想的含油气系统,根据地球化学资料可确定烃源岩,但油气藏中的油气与烃源岩之间缺乏对比依据;对于推测的含油气系统,仅根据地质及地球物理资料来推测。

含油气系统的命名如下:首先是烃源岩的名称,然后是主要储集岩的名称,中间用连接号连接起来,最后是表示其可靠性等级的符号(已知的用"!"表示,假想的用"·"表示,推测的用"?"表示)。

含油气系统是一种油气地质综合研究方法。含油气系统概念的提出并没有改变原有石油地质学理论,也没有提出新的理论,它所涉及的内容都是以往石油地质研究所讨论的,这可能就是国内有人认为含油气系统没有价值,不过是"新瓶装旧酒"的原因。当然这种认识是片面的,他们并没有真正认识到含油气系统的价值所在。含油气系统的价值在于它为人们进行油气调查和勘探研究提供了一个新思路和新方法。国外学者基本上把含油气系统作为一种新方法或工具,而非新理论。至于将含油气系统界定为"新理论",则是国内部分学者的理解。笔者认为将含油气系统作为一种研究方法更为合理。

含油气系统是一个天然的油气地质系统单元和所有地质因素在时间和空间上有机组

合而形成的完整体系。油气地质系统包括油气域、油气区、油气盆地和含油气系统。油气域是具有相同地球动力学或大地构造背景油气区的组合,它受大地构造控制。全球有四大油气域,即特提斯油气域、北方油气域、南方冈瓦纳油气域和太平洋油气域。油气区由一个或几个具有相同地质特征和类似地质发展史的油气盆地组成。油气盆地是石油地质研究和油气勘探的重要对象,一个油气盆地通常具有一个或多个含油气系统。含油气系统是油气地质系统中最基本的单元,它代表了一个独立烃源岩的油气生成、运移和聚集过程。按功能,含油气系统可进一步划分为 3 个子系统,即生成子系统、运移子系统和聚集(保存)子系统。

三、含油气系统的优缺点

含油气系统理论和方法自 20 世纪 70 年代提出以后之所以受到广泛关注和应用,主要基于以下 3 方面的原因:

(1)用系统论的观点,将油气藏形成的各要素和作用有机地结合起来,而不是孤立地进行研究。含油气系统研究把它们作为一个整体综合分析油气藏的形成过程,体现了系统论的思想在石油地质中的应用。

(2)将盆地演化历史和油气藏形成历史结合起来,从静态地研究生、储、盖、运、圈、保等油气藏形成条件发展到动态地分析油气藏的形成过程。含油气系统研究是在分析盆地演化历史的基础上,动态地研究烃源岩的演化历史、圈闭的形成时期、油气排驱及聚集过程。

(3)运用石油地质学综合研究方法和逻辑思维方式,使油气勘探的重心从地质学和地球物理学向油和气转移,建立了"地质、石油、时间"为主的思维模式,寻找新的圈闭或油气藏。

因此,含油气系统概念的提出和理论的形成无疑大大推动了石油地质学的发展,丰富了石油地质学的理论体系,对油气勘探有重要的指导意义。

与此同时,应该清楚地看到含油气系统理论及其在油气勘探中应用的不足和局限性:

(1)Magoon 等仅提出了含油气系统的概念,但对含油气系统本身的明确鉴定尚缺乏具体化、定量化,其分类基本上处于描述性或半定量描述性阶段,尚待进一步发展和完善。

(2)仅看到地质要素和地质作用相联系的一面,而忽略了流体运动,没有考虑油气生成、运移、聚集的动力学系统和过程及其控制因素。

(3)在实际应用过程中,往往存在套用含油气系统概念的模式,并未真正将含油气系统的研究成果作为选取油气勘探目标的依据,常常本末倒置,即对于高勘探区,已知的含油气系统实际上已找到油气藏,而对于低勘探区,油气来源不清楚,难以进行含油气系统研究。显然,这对指导找油气的作用是有限的。

(4)对于复杂地区,如我国东部渤海湾地区,具有多构造-沉积旋回、多油气源层、多套储层、多期成藏的特点,单纯用含油气系统进行研究是不全面的,也是不够的。

四、复合含油气系统

在我国，对于"petroleum system"这个术语，不同人赋予了不同的定义或译名（如成油系统、石油系统、油气系统、油气成藏系统、成油体系、石油体系等），并基于我国含油气盆地的特征提出了复合含油气系统、复式含油气系统等概念。

我国引入含油气系统的概念始于 20 世纪 80 年代末期。实际上，早在 1963 年胡朝元等在总结松辽盆地陆相大油气田形成和分布规律的内部报告中就提出过成油系统这一思想，即"必须将油气藏形成的静止条件（生、储、盖）和发展过程（生、运、聚）综合分析比较符合实际"。朱夏等曾强调"各种地质要素之间有着紧密的联系，必须在油气系统整体中予以考虑"。这些都显示了我国学者对含油气系统研究的早期思想，只是没有在国际上引起关注和应用。90 年代初，含油气系统研究成为石油地质领域的热门话题。我国学者于1992 年全文翻译并公开出版了 Magoon 主编的《含油气系统——研究现状和方法》一书。随后，国内不少刊物如《石油地质信息》《石油学报》《地学前缘》《勘探家》等，陆续登载了有关含油气系统的文章。此外，我国学者还公开出版了有关含油气系统的著作和论文集，如《中国含油气系统的应用与进展》《成油体系分析与模拟》，以及 1998 年由张刚等主译、Magoon 主编的《含油气系统——从烃源岩到圈闭》，逐渐形成了复合含油气理论。

经典的含油气系统被简单地表示为油气从生烃灶排出，经过输导层运移到圈闭中聚集的一次过程，所以仅适用于单源一期成藏含油气系统，而含油气系统并非都是如此简单。中国叠合型含油气盆地演化历史长，沉积层系多，构造变动频繁，发育的含油气系统常表现出多凹、多生油中心、多物源、多含油层系、多期生烃、多期运移、多期散失、多期聚集成藏、多复合样式等特点。例如，塔里木盆地西南坳陷发育有寒武系—奥陶系、石炭系—下二叠统和侏罗系 3 套烃源岩，发育有下奥陶统、石炭系、侏罗系、第三系储集层，构成了多个含油气系统，在时空上具有复杂的关系，显然应用国外含油气系统的基本思路很难有效地对这类叠合型盆地含油气系统进行研究。因此，需要在已有认识的基础上，突出过程恢复与成藏要素空间的组合关系，形成新的研究思路和方法。鉴于此，赵文智等首次提出了"复合含油气系统"的概念，将其定义为：在叠合含油气盆地中，多套烃源岩系在 1个或数个负向地质单元中集中发育，并在随后的继承发育中出现多期生烃、运聚成藏与调整改造的变化，从而导致多个含油气系统的叠置、交叉与贯通。

2000 年，何登发、赵文智等在《地学前缘》上发表了《中国叠合型盆地复合含油气系统的基本特征》，该文从中国含油气系统的特点出发，建立了复合含油气系统相应的划分及评价方法。中国复合含油气系统有叠置型、运聚变异型、相向汇聚型、断层贯通型、油气分异型、共盖型及改造型 7 种常见类型，每一叠合盆地含有上述 1 种或多种类型。中国复合含油气系统表现为多源、多灶、多期生烃和成藏的复杂性。赵文智等全面总结了中国叠合盆地石油地质基本特点以及复合与复杂含油气系统的基本特征，在复合含油气系统的定义与描述、研究思路、评价方法以及模拟的实现途径等方面提出了一系列独到的见解，提出了油气运聚单元和多关键时刻的概念,建立了复合含油气系统评价的方法体系。

复合含油气系统中的"复合"二字可以理解为多个含油气系统在其形成过程中共享了某些成藏地质条件,如共同的运移通道、储集层、运聚区带和区域盖层等,从而形成了既有相对独立性,在系统的局部范围内又有烃类流体交换的天然流体系统。据此,将复合含油气系统分为贯通复合和交叉复合 2 种复合模式,并进一步根据复合含油气系统中不同时期生烃灶发育的构造背景和叠置关系,以及纵向上不同时代烃源岩大量生排烃期的衔接关系等方面的特征,将复合含油气系统分为继承型、延变型和改造型 3 种类型。

目前对复合含油气系统的研究还处于理论研究阶段。复合含油气系统的研究存在以下不足:

(1) 复合含油气系统的划分标准与分类依据尚未达到最佳,而且对其时空上彼此"复合"关系的研究也并不成熟。

(2) 贯穿油气生、运、聚全过程的复合含油气系统综合定量模拟是一项大型的时空动态系统工程,目前还只是处于探索阶段,仅限于利用盆地模拟技术实现油气系统动态数值模拟。

(3) 复合含油气系统概念的提出只是为中国典型的叠合型盆地的勘探工作提供一种新的思路,具体的勘探模式和勘探方法还需要在实际应用中不断地总结与完善。

总之,复合含油气系统概念是中国学者在对经典的含油气系统研究的基础上,从中国沉积盆地的实际和特殊性出发而提出的,对中国的油气勘探赋予了新的理念,也为含油气系统理论的研究做出了贡献。

第二节　油气成藏动力系统国内外研究现状

动力是地学研究的主要趋势,油气成藏动力系统是一个内涵丰富的概念。石油地质学的发展已经从静态地、独立地研究和评价一个地区的生、储、盖、运、圈、保等油气藏形成的基本要素,发展到将一个地区的成藏条件当作一个整体的、动态演化发展的系统加以研究,形成了含油气系统(petroleum system)和成藏动力系统(dynamic system of oil and gas migration and accumulation)的概念。

与成藏动力系统有关的研究最早始于地球动力学中的流体动力学研究。1909 年 Munu 提出了油气运移的水力学理论,1954 年 Hubbert 提出了流体势的概念。成藏动力系统是在地球动力学分析基础上引入系统论思想后产生的一门新学科,系统论的引入源自 Dow,Perrodlon 及 Magoon 对含油气系统的系统论述和研究。含油气系统在研究方法中体现了系统分析的整体性、综合性、动态性等特征,被我国石油地质工作者广泛认同,促使了我国含油气系统研究的发展。虽说含油气系统有很多优点,但它在成藏动力的研究方面存在不足:

第一,含油气系统研究中不能追溯油气的运聚路径,对油气的运移机制解释不清,这使得在复杂的含油气系统中难以确定勘探目标；

第二,同一含油气系统内存在多个特征不同的成藏动力系统,因而使用含油气系统概念难以研究它们的成藏动力特征；

第三,特征相似的多个成藏动力系统有可能属于不同的含油气系统,用含油气系统的概念对这些成藏动力系统机制进行分析时难免割裂其统一性。

正是由于上述不足,一些学者提出了以系统论为指导思想、以地球动力学为基础的成藏动力系统。1995 年,G. Demaison 以成藏动力过程为基础,提出了根据充注因素、运移排驱方式和捕集方式 3 个因素对油气系统进行成因分类的方案。1996 年,田世澄提出了一套完整的成藏动力学系统概念,并根据中国东部多旋回、多油气层、多凹陷、多类型储层和复式油气聚集带的特点提出了切实可行的成藏动力系统的分类和研究方法。1997 年,康永尚等提出了油气成藏流体动力学概念及分类,并进行了深入的理论探讨,对油气成藏机理与定量化模拟进行了探索性研究。成藏动力系统作为一门新方法已在石油地质界引起广泛关注,并在油气勘探中得到应用,尤其是在中国东部地区。

一、成藏动力系统的定义

与成藏动力系统类似的概念有成藏动力学、成藏动力学系统、含油气系统油气成藏动力学和油气成藏流体动力系统等。

1996 年,田世澄等在中国、东南亚湖相盆地油气勘探国际学术研讨会上最早提出了成藏动力学的概念,认为成藏动力学以地球动力学为基础,以油气运移聚集的动力系统和过程为核心,将油气的生、储、运、聚、散连接成一个统一的整体,探讨盆地油气生成、运移、聚集和分布的规律,从而指导油气勘探工作。1997 年,田世澄等提出了成藏动力学系统,指出"成藏动力学系统是盆地内流体运移的一个客观存在的复杂天然系统,它包含了两个最基本的条件：一是若干个成藏动力的子系统；二是联系这些子系统的连通体系"。在2007 年全国第六届油气运移会议上,田世澄做了《成藏动力系统——油气从烃源岩到圈闭》的报告,阐述了应用层序地层学识别和划分成藏动力系统、成藏动力系统的构成、成藏作用和演化、汇聚区和汇聚类型以及动力学机制等方面的问题,将上述内容确定为"成藏动力系统",并将其翻译为 dynamic system of oil and gas migration and accumulation。

与成藏动力系统相似,康永尚等先后提出了含油气系统油气成藏动力学和油气成藏流体动力系统。他们认为一个油气成藏流体动力系统是由固体格架和其中的流体(油、气和水)组成的统一整体,它具有特定的功能和相对稳定的边界,其中的流体构成一个流动单元,受控于一个统一的压力系统。康永尚等全面界定了油气成藏流体动力学概念、内涵和外延,并进行了分类研究。根据系统动力的来源、去向和系统的演化方式将油气成藏流体动力系统分为重力驱动型、压实驱动型、封存型和滞留型 4 种,并对每种油气成藏流体动力系统类型提出了切实可行的研究方案,推动了油气成藏动力系统理论的发展。

杨甲明和龚再升则认为油气成藏动力学是指某一地质单元内,在相应的烃源体和流体输导体系中,通过对温度、压力(势)、应力等各种物理、化学场的综合定量研究,在古构造发育的背景上历史地再现油气生、排、运、聚直至成藏全过程的多学科综合研究体系。他们还认为烃源体与油气输导体系是成藏动力系统研究的基础,温度、压力(势)、应力等物理、化学场是流体运移的动力,在不同输导体系、不同物理化学场条件下,烃类运移运动学模型的建立是研究的核心。

郝芳等提出,成藏动力学是综合利用地质、地球物理、地球化学手段和计算机模拟技术,在盆地演化历史中和输导格架下,通过能量场演化及其控制的化学动力学、流体动力学和运动学过程分析,研究盆地油气形成、演化和运移过程及聚集规律的综合学科。

张厚福和方潮亮提出,成藏动力学是以盆地为背景,以油气为对象,以油气系统为单元,研究油气生成、运移、聚集、保存的成藏动力学过程及控制因素的学科。

上面这些表述各有侧重,为了强调系统论和成藏动力的观点,本研究采用了成藏动力系统这个概念。综上所述,成藏动力系统是在地球动力学分析基础上引入系统论思想后产生的一个新方法,是对油气成藏过程和动力机理进行研究的思想和方法,是以地球动力学为基础,以油气运聚的动力系统和过程为核心,将油气的生、储、运、聚、散连接成为一个统一的整体,探讨油气的生成、运移、聚集和分布规律,进而指导油气勘探的新方法。

二、成藏动力系统的研究内容和方法

成藏动力系统研究的基础是盆地演化历史和流体输导格架,研究的核心是能量场(包括地温场、压力场、构造应力场)演化及其控制的化学动力学和流体动力学过程,研究内容包括成藏空间和成藏物质基础、成藏过程和控制因素、成藏流体分析等方面。成藏动力系统的研究能重现油气成藏过程,研究的范围以油气聚集带为限。成藏动力系统包括两个最基本的部分:

一是成藏的最基本物质条件(如油源、输导系统、储层、封盖层、圈闭等)及各种成藏的动力条件;

二是这些基本物质和动力条件在地质历史过程中有机地匹配所发生的动力过程及其结果。

具体研究内容包括:

(1)油气成藏的动力背景,包括构造和沉积的演化分析、地温场特征及其演化、构造应力场特征及其演化、压力场特征及其演化等。

(2)油气成藏动力系统划分,包括已发现油气藏成藏时间的确定、主要运聚期统一的流体动力系统的确定、主要成藏期的油气成藏动力系统的划分等。

(3)输导体系地质特征与分类解析,包括砂岩输导体的输导特征分析、与不整合有关的输导体的输导特征分析、断层面(带)的输导特征分析、复合输导体系的构成及其输导性能评价等。

(4)成藏动力系统的形成演化研究。围绕生、运、聚这一线索,研究埋藏史、热史以及油气生、排、运史,研究联络体系的开启性和封闭性,进行油源对比,分析油气成藏模式。

（5）成藏作用及油气分布规律研究。综合各项研究成果研究生油期、运移期、圈闭形成期配合关系并进行综合评价,科学预测勘探有利靶区、优选钻探井位,这是成藏动力系统研究的最终目标。

只有在含油气系统宏观研究思路基础上进行油气成藏动力过程的系统研究,并根据成藏动力源泉进一步划分油气成藏动力系统,才能弄清我国陆相盆地的成藏机理和油气分布规律,从而更好地指导油气勘探。成藏动力系统研究应按照从烃源岩到圈闭这一主线,侧重于油气成藏的动力机制与运动机制的研究。但油气成藏动力系统对应的状态空间是油气藏。成藏动力系统不是含油气系统的简单重复,而是体现了整体、系统、动态、定量和宏观与微观相结合的研究思路和方法,更加强调成藏动力过程本身,其系统划分及研究内容都是将成藏动力过程放在首位,综合考虑动力源泉和油源特征进行分类,着重于以往油气成藏、充注和断裂与运移等较薄弱环节的研究。与传统地质学及含油气系统相比较,成藏动力系统更着重于成藏过程和成藏动力机制的研究（表1-1,图1-1）。

表1-1　成藏动力系统、含油气系统和传统地质学的比较（据杨甲明等,2002,修改）

内　容	传统地质学	含油气系统	成藏动力系统
出发点	石油地质条件	系统论	动力学
着眼点	石油地质条件的综合评价	油气系统的划分和评价	区带和勘探目标评价
工作方法	综合研究	系统分析	系统分析、动力分析
反　馈	勘探实践	勘探实践	勘探实践
结　果	定性,须总结规律,借鉴邻区	定性,可顺藤摸瓜	定量,预见性较强

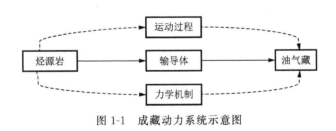

图1-1　成藏动力系统示意图

三、划分成藏动力系统的必要性和可能性

为什么在含油气盆地内必须进一步划分成藏动力系统呢? 这主要是由我国陆相含油气盆地的特点所决定的。应当看到,西方学者提出的含油气系统思想虽然正确地指出了要研究形成油气聚集所必需的地质要素及作用,这个"作用"实际上就是油气的生成、运移、聚集的动力学过程和结果,但如何深入研究动力学过程和结果呢? 这在文献中缺少必要的报道和明确的思路,是含油气系统进一步发展必须解决的问题。更为重要的是,含油

气系统理论是从一个海相、简单盆地(威尼斯顿盆地)中提出的,并且其发展与完善都是在海相盆地中进行的,而我国的沉积盆地主要以陆相盆地为主,且多数具有多构造-沉积旋回、多套烃源层、多套生储盖组合和多期成藏的特点,因此含油气系统的理论不能简单地应用于我国的陆相盆地,至少单用含油气系统的理论进行研究是不全面的,故有必要结合我国沉积盆地的特点进行含油气系统的研究。成藏动力系统即是结合我国沉积盆地的特点而发展起来的,它较好地考虑了油气生成、运移和聚集的动力学过程。

流体在地下的运动是受一定的动力推动的,这种动力包括在地质历史中以地球动力学为基础发育的构造应力场、地温场、压力场以及沉积动力学、热动力学、化学动力学、流体动力学综合作用形成的流体势,正是在流体势的作用下,流体在地层中发生三相渗流运动和油气聚集作用。流体在地下的运动并不是无序的,而是有一定规律、沿着一定的相对较高的孔渗系统进行的。多旋回性的沉积作用导致大套泥岩层、膏岩层、砂岩层有规律地发育,并对地下的流体运动进行限制和输导;异常高压层的发育使地下流体在流体势的推动下从泥岩层向砂层运移,从盆地中心向盆地边缘运动,从高势区向低势区运动。

我国陆相盆地勘探实践表明,凹陷中部分布着异常地层压力,这种异常压力分布是垂直分带的,自下而上,从某一深度开始发育异常压力,随深度增大异常压力从增大到降低,再从降低到增大,具有旋回分布的特点,有的凹陷发育 3～4 个甚至以上的异常压力旋回,这对地下流体运动起分割作用,限制流体只在其间做侧向运动。许多学者都描述过流体压力分布的这一特征。除以下 3 种情况外,流体只能在自己的系统中运动,油气藏就在各个系统中形成:一是断层断开了高流体压力带;二是不整合面连通两个异常压力带;三是隔开的异常压力带归并或消失,流体可以穿过高压层向上或向下运移。也就是说,成藏动力系统是客观存在的,对它进行划分是可能的。

四、成藏动力系统类型的划分

在成藏动力系统的划分中,压力是最重要的参数。张树林等均强调压力分布是划分成藏动力系统的基本参数。田世澄等则认为地球深部动力学过程控制的盆地构造沉积旋回是划分成藏动力系统的基础,并认为区域分布的致密岩性层和异常高孔隙流体压力界面是区分不同成藏动力系统的界面。2007 年,田世澄等提出最大洪泛面是识别和划分成藏动力系统的关键界面。

1. 按动力学特征划分

按动力学特征,成藏动力系统可划分为开放型、封闭型和半封闭型。

(1)开放型。开放型成藏动力系统的流体动力学特征是地下压实流体系统逐渐形成,并与地表渗滤形成的地下水动力系统相互连通、相互作用;其温压场一般较低,以异常压力界面或不整合面与下伏系统相分隔。本系统往往缺乏自源层,油源往往通过断层、不整合面等通道来自其他成藏动力系统。

（2）封闭型。封闭型成藏动力系统的特征是本身构成一个封闭的成藏动力系统，油气的生成、运移、聚集过程均在系统内进行。该系统内的源层在温压场和有效加热时间的控制下，经过化学动力学作用成熟成烃。排烃的主要动力来自源层内自身的能量积累，排烃可以多种模式进行，既有受控于含油饱和度变化的连续烃相排烃，又有幕式突破混相排烃，后者受控于异常孔隙流体压力积累导致的源层破裂所产生的微裂隙。油气在输导层中的运动主要受控于系统内压实流的水势、油势及气势。由于异常压力界面的限制，油气只能在该系统内侧向运移，并在低势区的有利圈闭中聚集。

（3）半封闭型。半封闭型成藏动力系统的特征是本身既有封闭的成藏动力系统特征，即油气的生成、运移和部分聚集过程可在本系统内进行，也可通过断层、不整合面等通道与其他成藏动力系统或地表相沟通，这样既可以使本系统的流体沿通道进入其他系统，成为其他系统的油源，又有其他系统的流体和地表水进入本系统，局部改变系统内的动力环境和条件，形成和影响油气的聚集。

2. 按油源特征划分

按油源特征，成藏动力系统可划分为自源、他源和混源。

（1）自源成藏动力系统。其油源来自本系统的源层。

（2）他源成藏动力系统。本系统无源层，油源来自其他具有源层的系统，通过断层、不整合面及盆地边缘的岩性变化带供油。

（3）混源成藏动力系统。混源类型又分本系统具油源的自源与他源的混合和系统不具油源的他源与他源的混合 2 种。

3. 按孔隙流体压力特征划分

根据孔隙流体压力特征，成藏动力系统可划分为：

（1）常压成藏动力系统。该系统内的孔隙流体压力处于静水压力附近，流体可以在其中自由渗流，系统对于孔隙流体来说是相对开放的环境，其中可发生大气水的渗入和循环作用。常压成藏动力系统通常分布在浅层正常压实的静水压力带。

（2）超压成藏动力系统。压实盆地内超压界面以下的成藏动力系统主要表现为超压，系统内的孔隙流体压力处于异常高压状态，压力的分布形式可以是旋回性的超压分布，也可以是水平状压力分布。我国东部盆地的超压成藏动力系统主要呈旋回性的超压带分布，其压力系数大于 1.10。

（3）低压成藏动力系统。该系统内的孔隙流体压力低于静水压力，主要分布在剥蚀区或减压实盆地内。在卸压作用的同时，低渗透性的封闭层阻隔了流体的流入，造成异常低压。

成藏动力系统命名时以上述 3 个特征，即动力学封闭性、油源及压力来进行区分。

4. 按流体动力系统的开放程度划分

还有一种分类方法是按流体动力系统的开放程度将油气成藏动力系统划分为重力驱动型、压实驱动型、封存箱型和滞流型 4 种。不同类型的流体动力系统,其内部的物质流和能量流有强弱之分和相对重要性的差别,油气藏形成和分布的规律不同。这种按流体动力系统的开放程度进行的油气成藏动力系统分类是以水文地质条件作为基础的分类,其优点是简单明了,不同系统的水动力特征十分明显,不同类型系统的成藏机理研究较为深入、系统,易进行定量化分析。但是这种分类简单,不易刻画更复杂多变的成藏动力系统。

五、成藏动力系统研究的新进展及发展方向

近年来,成藏动力系统在流体输导系统、盆地能量场演化与流体流动样式、应用层序地层学识别和划分成藏动力系统、成藏动力系统构成、成藏动力系统油气的汇聚类型、成藏动力系统的成藏作用和演化、成藏动力系统的动力学机制等方面都取得了长足的进展。宏观流体动力的研究是当前成藏动力系统研究的重要突破点,而温度、压力、势能、应力等物理化学场的模拟则是成藏动力系统研究的关键。目前的研究主要围绕其内涵、定义、命名、特征、展布范围、分类、描述、研究方法及实例剖析等方面进行,动态模拟及可视化方面的研究还很少。成藏动力系统的进一步发展有赖于地质过程及其机理和主控因素研究的深入,在进一步认识与油气成藏密切相关的化学动力学、流体动力学过程和机理的基础上,实现盆地温度场、压力场、应力场的耦合以及流体流动、能量传递和物质搬运的三维模拟是成藏动力系统的重要发展方向。具体来说,下一步研究的主要内容和发展方向包括以下几个方面:

(1) 成藏动力系统的定量化研究。定量化研究不仅指模拟计算,还包括各种地质数据的处理、成图及综合分析等各种成藏动力系统研究的计算机化。

(2) 成藏动力系统研究中的动力学过程与动力学机制的研究。

(3) 将成藏动力系统定量评价研究成果应用于盆地分析和油气资源评价中,重新认识含油气区及其展布,进一步指导油气勘探。

第三节　埕岛地区成藏动力系统研究内容及方法

笔者主要对埕岛地区成藏动力系统的形成条件和油气成藏的动力机制进行了研究,并在上述研究的基础上对埕岛地区的有利勘探区进行了预测。

一、埋岛地区概况

埋岛地区位于渤海湾南部的浅海、极浅海海域,构造上处于济阳坳陷与渤中坳陷交汇处的埋北低凸起的东南端,南邻桩西地区,西以埋北断层与埋北凹陷相连,向北和东南分别倾没于渤中凹陷和桩东凹陷,处于3个生油凹陷之中,如图1-2所示。

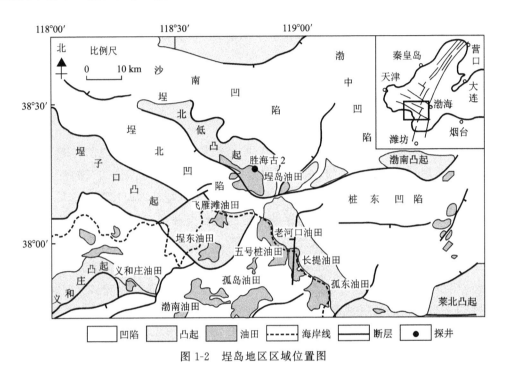

图 1-2 埋岛地区区域位置图

该区勘探始于20世纪60年代,主要进行了地质调查及重力、磁力概查。自1975年完成第一口探井(桩参1井)和1988年发现埋岛油田以来,到2008年为止,海上共完成了1∶20万、1∶10万、1∶5万重力测量和航磁测量;二维地震测线6 633.2 km,三维地震1 588.58 km²,精细重力3 984.5 km²;完钻探井243口;发现了明化镇组、馆陶组、东营组、沙河街组、中生界、上古生界、下古生界、太古界8套含油层系。研究区主要经历了以下几个勘探阶段:

(1) 区域勘探阶段(1975—1987年)。该阶段完成了胜利浅海探区的区域普查和部分详查任务,结合陆地勘探开发取得的认识,基本搞清了探区二级构造格局和地层格架,利用地震资料发现了埋岛潜山披覆构造。

(2) 勘探快速发展阶段(1988—2002年)。1988年5月,胜利四号平台钻探的埋北12井发现了埋岛油田,至2002年先后部署探井110口,基本上探明了埋岛油田馆上段油藏,连续突破了古生界、太古界的出油关,勘探向中深层系发展。勘探证实了埋岛油田是一个多含油层系,且以披覆岩性-构造油气藏为主,其他诸如断块、岩性、滚动构造、潜山、地层油气藏为辅的复式油气聚集带。

（3）隐蔽油气藏勘探阶段（2003年至今）。该阶段的勘探主要集中在埕岛油田主体的周边地区，已基本探明宏观构造，勘探领域由构造油气藏转向隐蔽油气藏，寻找新的勘探目标成为制约该阶段勘探发展的关键问题，因此需要采用新理论、新方法进行深入研究。

虽然埕岛油田的勘探和油气成藏的研究已经取得了一定的进展，但仍然存在如下问题：

（1）虽然在传统地质、构造、沉积、储层等方面有相当的工作积累，但是对油气成藏要素（生烃、储集、盖层、圈闭）的综合研究尚显不足。

（2）在成藏方面，几乎未涉及流体动力与油气运聚的关系，缺乏对成藏动力系统的划分和对成藏事件的综合分析。

（3）对油气聚集规律、成藏模式及远景预测的认识较为模糊。通过勘探实践建立的油气成藏模式需要进行深入的分析，并取得理论支持；在勘探评价方面，缺乏指导勘探与预测的油气成藏理论。

选择埕岛地区作为研究对象，以油气分布规律分析为基础，运用成藏动力系统理论，对研究区的成藏动力系统进行划分，分析不同成藏模式的动力机制，对埕岛地区各区带、各层系进行评价，指出下一步的勘探方向。该项研究对埕岛地区勘探新领域和新目标的发现具有重要的指导作用，对我国类似地区的油气勘探也将具有重要的参考价值。

二、主要研究内容

1. 成藏动力系统形成条件分析

从成藏动力的角度对埕岛地区烃源岩、储层、盖层、生储盖组合、圈闭、流体压力及输导体系等进行研究，主要从生烃动力子系统、输导体系、成藏条件和油藏分布特征3个方面进行研究。

（1）生烃动力子系统研究：综合钻探、地球物理、分析测试和地质、地化等资料，总结沉积盆地的构造、地层和沉积特征，分析烃源岩的分布特征和动力学特征；对研究区域的温度场、压力场和构造应力场及其对油气聚集成藏的影响等进行系统研究。

（2）输导体系研究：以埕岛地区断层、不整合面和盆地边缘岩相变化带等研究为基础，重点分析断裂的分布、发育、性质和活动特点，以及区域不整合面、构造脊和可作为"毯"的厚砂岩的发育情况，综合分析确定输导体类型以及输导体内烃类运移规律、运移的动力和优势运移方向。

（3）成藏条件和油藏分布特征研究：分析埕岛地区主要储层、盖层、圈闭、储盖组合等成藏条件，总结油气分布特征、油气捕集方式和保存条件。

2. 成藏动力系统

探讨埕岛地区成藏条件和动力条件在地质历史中有机地配合所发生的动力过程,分析油气成藏动力系统的关键问题,划分成藏动力系统,探讨不同成藏系统的动力机制。

3. 埕岛地区成藏模式及有利勘探区预测

剖析成藏动力系统的形成演化和油气藏形成分布规律,运用成藏动力系统理论对埕岛地区各区带、各层系进行评价,优选靶区,指明下一步的有利勘探方向。

三、研究思路与技术路线

研究思路是以成藏动力要素分析为基础,结合埕岛地区油气成藏动力系统中的 3 个关键问题,即油气来源、输导体系及油气藏分布特征,对埕岛地区的油气成藏动力系统进行划分;在此基础上,综合各种成藏动力信息,建立成藏模式,分析主控因素,最终对有利勘探区进行评价与预测。

主要研究技术路线如图 1-3 所示。

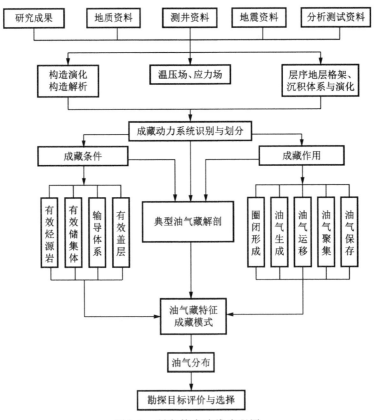

图 1-3　研究技术路线流程图

第二章
区域地质特征

埕岛地区位于山东省东营市东北、渤海湾南部水深 0~18 m 的海滩、浅海海域,区域构造上位于渤中坳陷与济阳坳陷的交汇处、埕宁隆起埕北低凸起的东南部,西部以埕北断层与埕北凹陷相邻,向北、向东倾伏于渤中凹陷和桩东凹陷。埕岛地区特殊的构造位置决定了其具有复杂的构造运动、优越的成藏条件和独特的石油地质特征。

第一节 地层发育特征

埕岛地区在太古界结晶变质岩基底之上沉积了古生界、中生界和新生界 3 套沉积岩系,周围凹陷中心的沉积岩总厚达 10 000 m。埕岛地区不同构造单元(潜山披覆构造主体、斜坡带和洼陷带)具有不同的地层沉积特征、岩性特征和接触关系。埕岛地区主要发育 4 个区域性不整合(太古界与古生界不整合、古生界与中生界不整合、中生界与古近系不整合、古近系与新近系不整合),形成了多层结构的地层层序,自下而上钻遇太古界、古生界、中生界、古近系沙河街组和东营组、新近系馆陶组和明化镇组及第四系平原组(表2-1)。

该区太古界为一套巨厚的强烈混合岩化的区域变质岩,常组成凸起的核部。下古生界划分为寒武系和奥陶系,是一套以碳酸盐岩为主的浅海相沉积,沉积较为稳定,旋回性明显。寒武系自下而上划分为馒头组、毛庄组、徐庄组、张夏组、崮山组、长山组、凤山组,奥陶系自下而上划分为冶里-亮甲山组、马家沟组及八陡组。上古生界划分为石炭系和二叠系,为一套海陆交互沉积的煤系地层,与下伏的下古生界平行不整合接触。中生界属陆相槽盆式沉积,早期(J_{1+2})为湖泊、河流相沉积,岩性为灰色泥岩、碳质页岩、煤、砂岩、含砾砂岩、砾岩,该时期岩性、岩相变化小,沉积范围广。中生代晚期—新生代早期,由于强烈挤压褶皱及新生代的强烈拉张块断活动,使前新生界构造格局发生了极大的变化,断裂发育,山头林立,中生界上升块体遭受强烈剥蚀。

表 2-1　埋岛地区地层综合简表

界	系	统	组		岩性特征	地震反射层	沉积环境
新生界	新近系	更新统	平原组	Q	土黄、棕红色黏土及砂土(未固结黄土层)	T_0	河流相
		上新统	明化镇组	Nm	棕红色泥岩夹棕黄色粉砂岩、泥质粉砂岩		
		中新统	馆陶组	$Ng^\pm$	上部棕红色、红色泥岩,灰绿色泥质砂岩,浅灰、棕褐色砂岩,下部灰白色含砾岩夹灰绿色泥岩,向下砂岩增加		
				$Ng^\mp$	灰白色块状含砾砂岩,中、细砂岩夹浅灰、棕褐色泥质岩,砂岩含量大于80%	T_1	
	古近系	渐新统	东营组	Ed_1	含砾砂岩与灰白、灰绿、浅灰色泥岩互层		三角洲相
				Ed_2	上部砂岩发育,是"胖砂岩"段,与灰白、灰绿、浅灰色泥岩互层,砂岩更发育		
				Ed_3	灰、深灰色泥岩夹透镜状砂岩	T_2	
			沙河街组	Es_{1+2}	灰色泥岩、油泥岩、油页岩互层,夹薄层白云岩、石灰岩,局部有生物灰岩和砂岩	T_3	浅湖相 半深湖相 深湖相
				Es_3	深灰、灰褐色灰质泥岩、泥岩、油页岩夹少量砂岩	T_6 T_7	
		始新统		Es_4	上部为灰色泥岩与灰白色砂岩互层,下部为紫红色、灰色泥岩夹砂岩	T_r	
中生界	白垩系	下统	西洼组	K_1x	凝灰质砂岩、凝灰岩、暗紫红色泥岩、灰色砂岩及粒状砂岩夹安山岩		火山相 河流相
	侏罗系	上统	蒙阴组	J_3m			
		中—下统	三台组	J_2s	灰色泥岩、砾状砂岩、砾岩夹煤层	T_j	湖泊相 河流相
			坊子组	$J_{1-2}f$		T_g	
古生界	上古生界	二叠系	下统	石盒子组 P_1sh	红色泥质岩夹同色砂质泥岩、石英砂岩,内夹铝土矿两层		三角洲相
				山西组 P_1s			
		石炭系	上统	太原组 C_3t	灰色生物碎屑岩,灰质砂岩、泥岩夹煤层		潮坪潟湖
			中统	本溪组 C_2b		T_{g1}	台地潟湖
	下古生界	奥陶系	中统	八陡组 O_2b	浅灰色白云岩、泥质白云岩,0~260 m		碳酸盐岩台地相
				马家沟组 $O_2m^\pm$	下部为灰黄色粒状泥灰岩和泥质白云岩互层,中部为深灰色含燧石结核灰岩和豹皮灰岩互层,上部为深灰色灰岩、豹皮灰岩夹薄层白云岩,560~630 m		
				$O_2m^\mp$			
			下统	冶里-亮甲山组 O_1y+1	灰色结晶白云岩夹竹叶状白云岩,富含燧石结核或条带,90~125 m		
		寒武系	上统	凤山组 $\in_3f$	浅灰色结晶白云岩和泥质条带灰岩,100~110 m		
				长山组 $\in_3c$	灰色灰质条带灰岩、竹叶状灰岩夹绿色页岩,底部有鲕状灰岩,50~100 m		
				崮山组 $\in_3g$	泥质条带灰岩夹灰绿色灰岩,45~50 m		
			中统	张夏组 $\in_2z$	鲕状灰岩和石灰岩互层,180~195 m		
				徐庄组 $\in_2x$	灰绿色、紫红色页岩夹石灰岩和含海绿石砂岩,80~100 m		
				毛庄组 $\in_2mz$	灰紫色页岩与粉砂质页岩夹鲕状灰岩和石灰岩,30~60 m		
			下统	馒头组 $\in_1m$	紫红色页岩与石灰岩互层,底部为褐灰色硅质或燧石隐晶白云岩,95~150 m		
				府君山组 $\in_1f$	灰色灰岩、白云岩夹泥质白云岩	T_{g2}	
太古界				泰山群 Art	区域变质作用和混合岩化作用形成的混合花岗岩和多种片麻岩(距今29亿~25亿年),岩性复杂,非均质性强,顶部风化淋滤带发育裂缝、溶洞、溶孔		

　　古近系沉积受控于前新生界古地貌,地层与下伏前新生界呈角度不整合接触,主要发育沙河街组和东营。受区域地质条件的控制,该区古近系沉积类型界于济阳坳陷与渤中坳陷之间。埋岛地区既有一定厚度的沙河街组(800~1 500 m),又有比济阳坳陷显著加厚的东营组沉积(400~1 500 m),属两个沉降中心的过渡型,具有沉积发育的多旋回性

及多级次的沉积间断的特点,总体上由凹陷向潜山呈逐层超覆式沉积,古近系沙河街组、东营组下部围绕潜山主体部位呈环带状展布,埕岛地区东北部古近系厚度大,向超覆带附近逐渐变薄。潜山披覆构造带主体大部分地区缺失沙河街组,东营组下部层层超覆,至东营组Ⅲ砂层组完全披覆在潜山之上。埕岛地区新近系与古近系呈角度不整合接触,新近系主要发育馆陶组和明化镇组,全区广泛分布,为河流相沉积类型。

第二节 构造格架

埕岛地区发育3组断裂系统,分别为:① 北西—北北西向断裂系统,包括北北西向的埕北20古断层和北西向的埕北断层;② 北东东—北东向断裂系统,包括埕北30北断层和埕北30南断层;③ 南北向断裂系统,该系统为五号桩洼陷的东界断层,如图2-1所示。这些断裂现今都表现出张性断层特征,它们控制发育了埕北古8东西向断层及各二级大断层的次级派生断层,控制了中古生界断块和古近系断块、断鼻等构造的形成。由于基底断裂的分割作用,形成了本区正、负构造单元相间分布的构造格局,为油气的生成和聚集提供了基本地质条件。

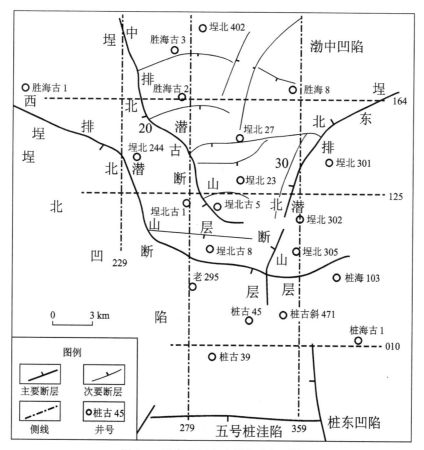

图 2-1 埕岛地区中生界构造纲要图

控制埕岛地区前新生界展布及油气成藏的主干断裂为埕北断层、埕北30南北断层、长堤断层、桩古斜47南断层及埕北20古断层。埕岛古潜山自西向东被埕北断层、埕北20古断层、埕北30西断层、埕北30东断层分隔成帚状展布的三排山(图2-1)。

西排山位于埕北20古断层下降盘,呈北西走向,倾向北东,西侧通过埕北断层与下降盘埕北凹陷中的古近系接触;中排山位于埕北20古断层上升盘,呈南北走向,向北东方向整体呈单斜状倾没于渤中凹陷,由于分隔西排山和中排山的埕北20古断层在新生代停止活动,取而代之的是埕北低凸起的成山断层——埕北断层,因此西排山和中排山在新生代以中、古生代复合潜山的古地貌出现。由于在中生代时期埕北20古断层的强烈活动,上升盘的中排山处于剥蚀状态,加之新生代继承遭受过长期剥蚀,其中北段发育一系列的剥蚀残丘(如SHG2潜山、埕北251潜山),南段则表现出断块残丘山特点;东排山即埕北30次级低潜山带,是在2条倾向相反、呈北西走向、切穿基底的断层夹持下形成的北西走向的地垒山,地层南西倾,上覆中生界。埕北断层南端与桩古斜47南断层、长堤断层相接,埕北20及埕北30北断层南端交汇于埕北断层处。各大断层在桩海地区交汇,使得该区断块众多,构造面貌十分复杂,形成了桩海10潜山带、埕北306潜山带等多个潜山带。

新生界构造是在基底断裂控制的中、古生界构造背景上发育形成的,在中、古生界抬斜断块(或地垒)的高部位,新生界披覆(超覆)其上,形成披覆(超覆)构造,如埕岛潜山披覆构造带;在中、古生界山谷(半地堑)基础上发育了新生界的断陷,如埕北凹陷。新近系的披覆构造是在古近系的(超覆)披覆构造背景上继承性发育而成的。在断裂带上,新近系继承了古近系的构造类型,如断块、滚动背斜构造等;在凹陷内,古近系断陷中心往往是新近系沉降中心。这种继承性发育的正负构造带既保证了凹陷内油气的持续性生成,也保证了凸起区油气的持续聚集及油气保存,无论从时间上还是空间上都为埕岛地区的油气富集提供了有利条件。

研究区按构造单元可划分为埕岛油田主体、埕岛东部斜坡带、桩海地区、埕北凹陷带等多个区带(图2-2),不同区带的构造形态不尽相同。

1. 埕岛油田主体

在前新生界潜山基础上,古近系超覆并披覆在潜山之上,形成超覆构造层,新近系则继承性地披覆其上形成第二披覆层。新近系构造简单,披覆构造主体呈北西走向,向西南抬高,向北西、北东倾伏,基本形态呈不对称的半背斜构造。该区内有3组断裂:北西向的埕北11断层,延伸长度7 000 m,西南倾,断层落差40～100 m,倾角45°～55°,为埕岛油田主体的边界断层;北东向断层位于埕北25井区,一条西北倾,另一条东南倾,延伸长度3 000 m,落差20～79 m,靠近断层有逆牵引构造,该组断层为埕岛油田主体内部断层;近东西向断层南倾。胜海2断层延伸至埕北26井区。

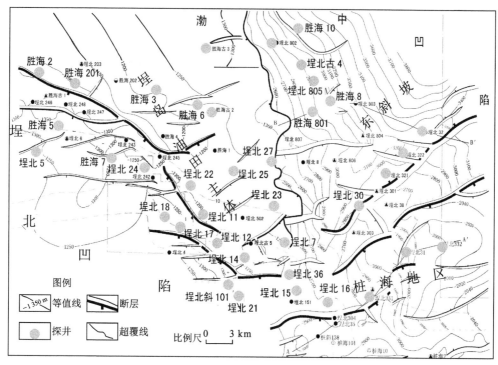

图 2-2　埕岛地区构造井位图

2. 埕岛东部斜坡带

该带是埕岛潜山向渤中凹陷倾没的斜坡,北东倾向,属于古生界构造背景上发育起来的披覆-超覆构造单元,构造较为简单,断层不发育。古近系沙一段—东营组Ⅲ$_2$砂层组自东北向西南逐层上超,形成超覆地质构造单元,古近系东营组Ⅲ$_1$—Ⅰ＋Ⅱ砂层组继承性发育,形成披覆构造单元。地层向北东方向倾伏,倾角5°～6°,受古地貌控制,发育了北东向展布的沟谷和高地,二者相间分布。自南向北主要发育埕北8断沟、胜海8沟谷及胜海10沟谷3条较大的沟谷,沟谷呈东西向—北东向延伸,上倾方向相对较窄,下倾方向逐渐变宽,有的甚至发生偏移,在南北向地震剖面上可见明显的"沟梁"相间的构造格局,这些沟谷对东营组的沉积起着重要的控制作用。在东西向剖面上可以看到2个坡度变陡的坡折带,坡折带沿斜坡走向延伸,呈南北—北西走向,且下坡折带较上坡折带陡。在坡折带明显变陡处发育一些次级断层,这些次级断层往往切割至不整合面,它们不仅是油气运移的通道,也对油气起着重要的遮挡作用,如胜海8断层。

3. 桩海地区

桩海地区的古地貌形态也是在中生界潜山背景上发育形成的,具有3个明显的鼻状构造,即埕北151—桩古20鼻状构造、埕北16—埕北5鼻状构造、埕北30披覆构造,这些鼻状构造既控制了古近系的沉积,又影响了新近系的油气分布。不仅如此,在主干断层控制的斜坡带上还容易产生一系列平行于主干断层的同沉积断层,从而形成构造坡折带,如在长堤断层的北部斜坡上发育了2条同沉积断层,在地震剖面上明显控制了古近系的沉积。在新近系,由于构造应力的分解,这些主干断层多表现为呈雁行排列的多条断层,落差为50～200 m;而反向断层多为晚期伴生断层,断层落差在馆陶组下段至馆陶组上段早期一般为20～80 m。受主干断层及其派生断层的共同控制,在断层的上、下盘易形成滚动背斜或断鼻、断块构造,构成该区的主要构造样式,对新生界的油气成藏起着重要的控制作用。

4. 埕北凹陷带

埕北凹陷位于埕子口、桩西和埕北凸起之间,是一个呈北西向展布的狭长凹陷带,呈北断南超的构造格局。该区主要发育埕东断层、埕北断层和埕南断层3个大断层。该区可以划分为西部缓坡带、凹陷带和东北部断裂陡坡带3个构造单元。新生界沙河街组、东营组和馆陶组沿斜坡逐层超覆于前新生界剥蚀面之上。在该区南部发现了老河口、飞雁滩2个中型油气田,发现了沙河街、东营及馆陶组上段等多套含油层系。

第三节 构造和沉积演化

作为渤海湾盆地的一个次级构造单元,埕岛地区具有多旋回构造演化史,与济阳坳陷的整体演化特征近似,主要与郯庐断裂东侧的旋转和鲁西隆起的旋转有关。该区共经历了5个不同的构造演化阶段,即古生代地台发育阶段、中生代印支期地台解体阶段、中生代燕山期块断活动阶段、新生代古近纪断陷阶段和晚新生代拗陷阶段。

与整个济阳坳陷相似,埕岛地区在古生代是稳定的被动边缘板块格局控制下形成的海相碳酸盐岩到陆源碎屑岩沉积区,下古生界以碳酸盐岩为主,上古生界以碎屑岩为主。印支中、晚期由于受到北北东—南南西挤压应力作用,埕岛地区广泛隆起,形成大型挤压隆起和滑脱褶皱,并遭受长期风化剥蚀,核部出露太古界,形成凸起的雏形。印支晚期—燕山初期由于压应力的释放,在构造薄弱部位,如隆起的边部产生了拉伸正断或滑脱正断,形成滑脱断阶和负反转断块体,造成现今凹陷内古生界的"下超"现象,这是第一次应力转型的开始。

燕山早期构造活动较弱,中下侏罗统含煤系地层充填于一些剥蚀洼地,与古生界形成超覆不整合关系,中上侏罗统三台组发育河流相沉积。燕山中期受郯庐断裂活动影响,左旋走滑应力开始作用,形成埕北20古断层,并控制了中生代沉积(图2-3)。燕山中晚期构造活动进一步加强,进入强烈断陷期,断块扭动抬升幅度增大,造成侏罗系的局部剥蚀,形成蒙阴组与三台组之间的不整合,火山岩大量喷发,末期开始形成埕北断层并持续发展。燕山晚期受到北东—南西向压性兼左旋剪切应力的强力作用,产生了逆掩或逆冲断裂。该时期的区域应力场处于左旋走滑向右旋走滑转换的过渡时期,即由张扭为主转换为压扭为主。燕山末期—喜山初期,本区处于隆起、剥蚀状态。

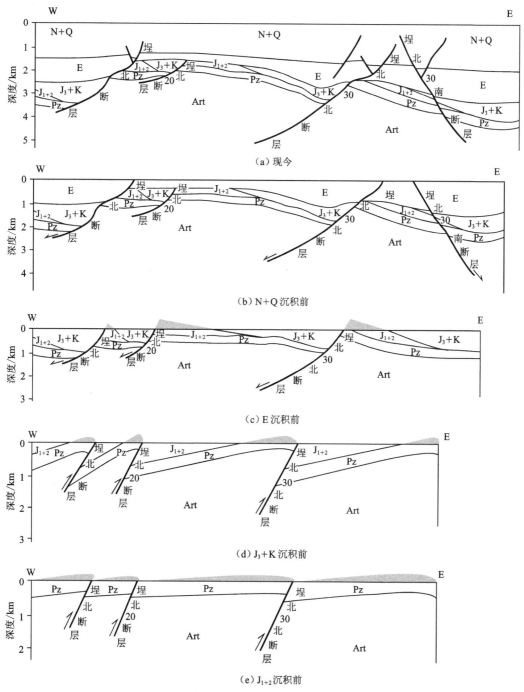

图 2-3 埕岛地区构造演化图

喜山早期右旋走滑开始活动,北西向张性断裂和北东向走滑断裂继承性追踪活动,形成了孔店组—沙四下亚段填沟补洼的沉积特征。喜山中期强烈的左旋张扭活动加剧了北东向断裂的伸展拉张,形成了古近系巨厚的断陷沉积、低潜山带的掩埋和改造以及高潜山带的抬升剥蚀。该期埕北断层强烈活动,使得埕岛潜山沿埕北断层在拉张力作用下逐渐脱离埕北 30 潜山主体,形成滑脱褶皱断块山。喜山中、晚期右旋活动逐渐减弱,该区整体抬升、剥蚀夷平。沙三段为断陷湖盆鼎盛期发育的一套以暗色泥岩为主的半深湖—深湖相沉积,为主要烃源岩系,主要分布在潜山翼部及洼陷区,沙二—沙一段为一套滨浅湖相沉积。东营组沉积时期,渤中凹陷快速下沉,沉积厚度达 2 800 m,逐渐成为整个渤海湾盆地的主要沉积中心。东营组在潜山带顶部薄,向翼部凹陷增厚,而在埕北潜山带顶部又呈现西北薄、东南厚的特点,形成了埕北潜山带第一期披覆层。整个地层向潜山主体部位层层上超,形成超覆构造。东营组自下而上整体为一套完整的湖相、三角洲相至河流相的沉积体系,东三段为一套半深湖—深湖相沉积,埕岛及周围地区为相对独立的沉积体系,物源来自自身及邻近凸起,暗色泥岩发育,具有一定的生油能力,砂岩主要发育在基底断层下降盘及潜山斜坡部位;东二段为一套大型扇三角洲沉积,物源来自南部大型凸起,沉积特征具有区域上的相似性,砂岩发育,全区广布;东一段为河流相沉积体系,砂岩与泥岩不等厚互层,顶部遭受不同程度的剥蚀。

古近系沉积后,东营运动使盆地基底抬升,造成区域地层基准面下降,东营组遭受不同程度的剥蚀,形成广泛分布的不整合,底砾岩发育。之后,盆地整体拗陷,区域基准面上升,堆积了新近系河流—冲积平原为主的地层。早期,由于可容纳空间小,低 A/S 值(A 为可容纳空间变化速率,S 为沉积作用速率)导致辫状河道发育,沉积以巨厚砂砾岩为主的地层。随着基准面的上升,可容纳空间增大,砂岩单层厚度向上减薄,顶部泥岩增多,构成新近系馆陶组的第 1 个长期基准面旋回沉积,即馆陶组下段。其后,基准面又开始下降,但下降幅度较东营组沉积末期小。该基准面的下降以馆陶组上段底部普遍发育的河道下切作用为特征。之后,基准面又逐渐上升,形成馆陶组第 2 个长期基准面旋回,即馆陶组上段。旋回界面以馆陶组上段早期底部冲刷面及相互叠置的辫状河道砂岩发育为标志。随着基准面的抬升,A/S 值逐渐增大,底部砾岩虽然具有辫状河道砂岩发育的标志,但是砂岩叠置层数减少,单层厚度增大,辫状河道环境逐渐演化成曲流河环境,随着基准面进一步抬升,A/S 值进一步增大,辫状河—曲流河过渡环境逐渐演化成低弯度河流—冲积平原环境,河道砂岩较少叠置,多呈孤立状,分布于冲积平原泥中。之后基准面开始下降,加之气候干燥,逐渐形成了以棕红色、砖红色泥岩垂向加积作用为主的干燥冲积平原沉积(图 2-4)。埕岛地区馆陶组上段和明化镇组主要为曲流河沉积,具有区域性沉积特点。其中,馆陶组上段Ⅲ—Ⅵ砂层组是埕岛油田的主要含油层系,主要相带有曲流砂坝、河道横向坝、天然堤、河漫滩和泛滥平原等类型的沉积亚相,主水流方向自西北向东南,砂体形态呈弯曲带状分布。研究表明,馆陶组上段Ⅰ—Ⅵ砂层组是一个自下而上粒级从粗变细,砂岩由多变少,单层厚度由厚变薄,层理规模由大变小的正旋回。一个大的旋回内又包含若干个小的旋回。馆陶组上段沉积时期水动力条件自下而上由强变弱,形成由粗变细的沉积旋回。

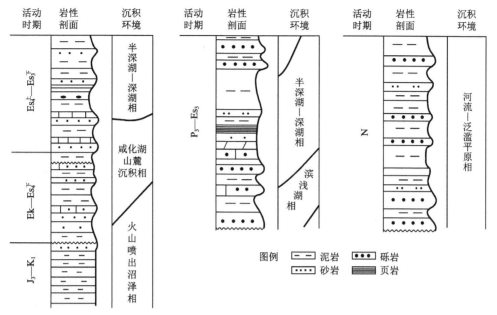

图 2-4 埕岛地区沉积演化图

第三章
地温场、构造应力场与压力场

　　油气的生成、运移、聚集、保存或逸散表现为复杂的动力过程,国内外石油地质界普遍认为盆地中的"三场"(即地温场、压力场与构造应力场)对油气藏的形成和分布具有重要的控制作用,并且各场之间常常相互影响、相互制约。如果研究区自油气运聚成藏后没有遭受到大的构造运动的破坏和改造,则可用现今的"三场"特征代表古"三场"特征;而对于成藏期后构造变动较大的地区,应当研究古"三场"特征。

第一节　　地温场

　　温度在地下三维空间的分布是随时间推移和研究区域边界条件改变而变化的地球物理场,因此温度场(又称地温场)是区域热动力在含油气盆地中最直接的反映。地温是油气形成过程中最敏感的热力学参数,受区域热动力影响,古地温场对烃源岩的成熟和油气的生成起着决定性作用。地温的产生主要与地球内部的热源有关,如放射性衰变热、地球残余热、重力分异热及化学反应热等。在地质历史过程中,地温并不是恒定不变的,而是在不停地变化着。地温场就是指某一瞬间地下温度的空间分布,其演变与地球内部热量通过传导、对流及辐射等方式不断向外界传递和散失的过程有直接关系。地温场既受地壳岩石圈构造演化等地球动力学控制,又与沉积盆地构造沉积演化密切相关,它对油气生成、运移和聚集过程起着重要作用。

　　埕岛地区位于渤海南端浅海水域,又是济阳坳陷东部陆上向海域的延伸部分,因此埕岛地区的地温分布特征既与济阳坳陷的地温场相关联,又受渤海盆地地温场影响。据前人研究,该区新生代平均古地温梯度与现今地温梯度接近,在研究有机质演化史时基本上可以现今地温梯度代替新生代时期的古地温梯度。

　　埕岛地区地温场分布特征采用油层试油温度数据,现今地温数据主要来自探井试油层段的静温数据,少数来自探井温度测井资料。埕岛地区的井温随深度加大而增高,呈现较好的线性变化特征,表现出典型的传导型地温场特征。新近系平均地温梯度为 39.8 ℃/km,

古近系平均为 37.2 ℃/km,中生界平均为 36.9 ℃/km。以上数据表明,随埋深增加,压实和成岩作用增强、孔隙度变小的老地层地温梯度相对较低,成岩作用差、孔隙度较大的新地层地温梯度较高,地温梯度的垂向变化反映了地层热导率的垂向变化。

埕岛地区地温梯度平面展布明显受盆地构造格局控制(图 3-1),地温梯度的高值区分布于基底隆起和低凸起或斜坡带上,地温梯度一般高达 39 ℃/km 以上,尤以埕北潜山披覆构造主体地温梯度最高,大于 40 ℃/km。低值梯度分布区与凹陷区相对应,低值中心基本与凹陷沉积中心一致,全区地温梯度最低值在埕北凹陷,其地温梯度在 36 ℃/km以下。其中,断层交汇处地温梯度相对较高,向四周逐步降低。高地温梯度区应当是深部液体(油、水)运移和聚集的结果,地壳深部的热量输送到地壳浅部的有利储存部位后形成了热储层,有利于油气聚集。这也是油气通过断层运移的有力证据。

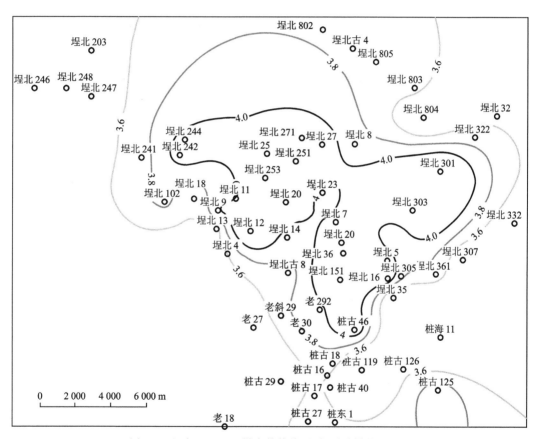

图 3-1 埕岛地区地温梯度等值线图(据刘鸿祥等,2004)

单位为 ℃/100 m

综合钻井测温资料,埕岛地区现今平均地温梯度为 36～40 ℃/km,但不同埋深段和不同构造单元具有不同的地温场特征。在纵向上,浅部的地温梯度高于深部,大致以3 400 m 埋深为界,浅部地温梯度较高,约为 38 ℃/km,深部地温梯度较低,约为 30 ℃/km。据研究,新生界古地温梯度不低于现今地温梯度,地温梯度计算结果表明,济阳坳陷现今地温梯度平均为 35.5 ℃/km,渤海湾盆地地温梯度为 33 ℃/km,埕北凹陷和渤中凹陷的现今古地温梯度平均为 34 ℃/km。目前,有关桩东凹陷古地温梯度资料不多,但根据钻孔知地温梯度介于 32～34 ℃/km 之间,平均为 33 ℃/km。埕岛地区周边的埕北凹陷、渤中凹陷、桩东凹陷和五号桩凹陷的地温梯度大于全球平均值(30 ℃/km),按中国含油气盆地地热分区标准,这 4 个凹陷都归属于"热盆"。高地温有利于沉积有机质在沉积物尚未完全充分遭受机械压实、胶结作用也未能将砂岩中的孔隙完全堵死时就趋于成熟,有利于油气的生成。此时砂体内部尚保留较大的渗透性,有机质成熟释放出来的各种有机酸和二氧化碳能及早地进入邻近的各类砂体中,充分地进行溶蚀作用,然后依靠流体的循环将溶解物质携带出反应系统,从而形成规模性的次生孔隙发育带。由此认为,深部储层的次生孔隙主要是在生油门限深度附近形成的,只是由于埋深不断加大而成为现今深部储层中的次生孔隙。

1996 年郭随平等通过对济阳坳陷热史恢复研究认为:新生代的古地温与现今值相近,但中生代的古地温都明显高于上古生代、新生代及现今地温,表明本区在中生代曾出现过高热异常现象。2006 年苏向光等应用镜质体反射率利用 EASY‰Ro 动力学模型模拟了埕北 4、埕北 9、埕北 20-1、埕北 21、埕北 23、埕北 30、埕北 36 等井,从模拟结果可以看出该区地温梯度是逐渐降低的,沙河街组沉积时期地温梯度为 51～41 ℃/km,东营组沉积末期降至 38 ℃/km 左右,馆陶组沉积末期降至 37 ℃/km 左右,此后逐渐降至现今的 36 ℃/km 左右(图 3-2)。

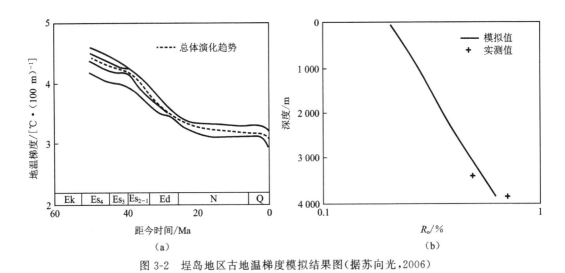

图 3-2　埕岛地区古地温梯度模拟结果图(据苏向光,2006)

埕北凹陷具有较高的地温条件。埕岛油田馆陶组上段油藏温度在 55～73 ℃之间,平均 67.43 ℃,地温梯度为 36～43 ℃/km,平均 38 ℃/km,比孤东油田六区稍高(33 ℃/km)。胜海 7 井、8 井东营组地温梯度为 35 ℃/km,胜海 4 井、7 井中生界为 34～35 ℃/km。据高压物性统计,地温随深度变化关系明显(图 3-3)。埕岛地区馆陶组平均地温梯度明显高于埕北凹陷的平均值,在连续缓慢流体流动的情况下,热能的传导作用可以使流体输导层和非输导层的温度接近平衡。在幕式瞬间流体流动的情况下,从深处超压系统注入上覆地层中的流体在侧向运移过程中可使输导层的温度明显增高。埕岛油田馆陶组上段地温梯度偏高是埕岛油田馆陶组上段油藏是幕式成藏的较好证据。

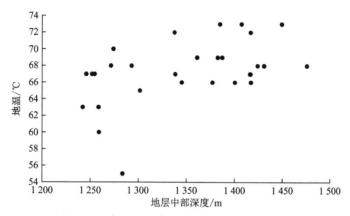

图 3-3   埕岛地区馆陶组上段地温与深度关系图

第二节   构造应力场

从国内外研究现状分析,构造应力不仅形成了油气运移的通道及油气聚集的圈闭,而且不连续状态的瞬间构造应力和连续状态的长期构造应力为油气运移提供了直接和间接的驱动力。在区域上,构造应力场控制了生油深凹陷、油气聚集带、沉降中心以及烃源岩系的展布;而在局部构造上,构造应力场则在一定程度上影响着含油气构造和油气田的分布。应力导致岩石固体颗粒发生质点位移,同时储集在地质体中的流体也在质点位移时发生迁移变化,由高势区向低势区运移。因此,构造应力场研究对于描述孔隙流体的运动变化规律、油气运移和聚集成藏的动力过程具有重要意义。

一、现今构造应力场

埕岛地区油气运聚成藏的时期主要是东营组沉积末期—明化镇组沉积时期,而埕岛地区在新近纪没有大的构造活动,因此现今的构造特征基本上可以代表油气运聚期间的构造特征,现今构造所反映的构造应力场特征基本上可以反映油气运聚期间的构造应力场特征。

本次研究采用 FMI 成像测井方法对研究区现今的应力场方向进行了精确的测量。FMI 图像解释与岩芯描述有很多相似之处,其内容包括井旁构造分析、沉积和成岩作用现象、构造应力场及裂缝分析等;它们之间的不同之处在于 FMI 成像测井为井壁描述,井壁上的诱导缝及破损可反映地应力的影响,而层理及裂缝的数据也是在岩芯上很难观察到的。FMI 成像测井是目前进行井旁构造分析、裂缝孔洞分析及井旁地应力分析的一种有效的测井方法。

在 FMI 成像测井图像上,岩层层理面或其他平面(如裂缝面、冲蚀面等)均表现为正弦曲线。所有正弦曲线都有 1 个最高点和 1 个最低点,确定最高点和最低点的高程差以及对应井的平均值即可计算出地层视倾角值。正弦曲线的最低点的方位代表近似的地层倾斜方位,构造分析是基于岩层层理的分类拾取和计算而进行的。构造应力方位与井壁崩落及诱导缝的方位关系密切,在直井中,从图像上分析井壁崩落及钻井诱导缝的发育方位可以确定最大或最小水平主应力方向;在裂缝发育段,古构造应力多被释放,保留的应力很小,其应力的非平衡性也弱;在致密地层中,古构造应力未得到释放,并且近期构造应力在致密岩石中不易衰减,因而产生一组与之相关的诱导缝及井壁崩落。诱导缝在 FMI 图像上为一组平行且呈 180°对称的高角度裂缝,这组裂缝的方向即为现今最大水平主应力的方向;井壁崩落在 FMI 图像上表现为 2 条 180°对称的垂直长条暗带或暗块,井壁崩落的方位即为地层现今最小水平主应力方位。根据多井钻井诱导缝和井壁崩落方向资料,推断研究区现今最大水平主应力方向为北东东—南西西向(图 3-4)。

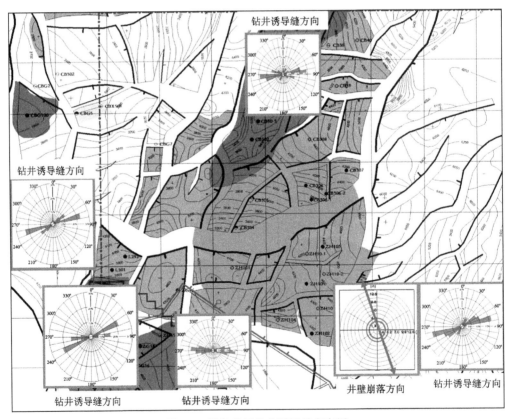

图 3-4　埕岛地区钻井诱导缝方向图

2006 年李学森等选取桩海地区的桩海 102、埕北 305、埕北 306、埕北 307 共 4 口井,运用古地磁方法对其进行了磁组构测定,得出的现今应力场方向为 NE14°左右,与 FMI

测井的结果基本一致。此外,前人根据地震的震源机制资料也得出了类似的结果。这说明通过 FMI 测井资料所确定的现今应力场的方向是可信的。因此,根据桩海 102 等井 FMI 图像上的钻井诱导缝信息可以推断研究区现今最大水平主应力方向为北东东—南西西向。

二、构造应力场的演化及作用

埕岛地区中生代主断层的发育演化均经历了一个由挤压逆推到张性伸展的构造负反转过程;新生代则主要为正断、走滑发育阶段,且平面展布、组合特征也发生了较大变化,这与本区所在的华北地区中生代以来区域构造应力场的变化密切相关。

就断层活动性而言,埕岛地区中生代断层的发育演化过程与济阳坳陷其他各次级构造单元的北西向中生代控凹断层是可以对比的,尤其与东北部沾化凹陷内发育的罗西、孤西、五号桩—长堤断层类似,均受控于欧亚构造域的西伯利亚板块、扬子板块与华北板块的挤压拼接和滨太平洋构造域及其郯庐断裂带的活动两大构造体系域影响的华北东部的区域构造背景。

在印支期,华北板块在南(扬子板块)、北(西伯利亚板块)双重夹击下发生了板内局部挤压调整,形成了逆推断层。受扬子板块与华北板块的聚敛边界(北西向的秦岭—大别构造带)的限制,因而所产生的逆推断层走向与秦岭—大别构造带大致平行,为北西向,加之主应力方向来自南南西,断面倾向南西。早、中侏罗世为自印支构造阶段至燕山构造阶段的过渡期,华北地区为构造活动的相对“宁静期”,本区北西向逆推断层的活动性减弱,区域上表现为对前期逆推断层造成的地势高差的截凸填凹的沉积与剥蚀过程。晚侏罗世,西太平洋区伊泽奈崎板块沿北北西向俯冲于东亚大陆之下,中国大陆东部处于左旋剪切应力场作用下,产生了郯庐断裂带等一系列北北东向的断裂,并使北北东向的郯庐断裂带于晚侏罗世—早白垩世发生了巨大的左行走滑平移。郯庐断裂的左旋走滑在该区产生北西向的挤压力和北东向的拉张力,使先前形成的北西向断层的构造薄弱带发生负向反转,北西向断层由原来的挤压逆推转为张性伸展。燕山—喜山过渡期晚期(Es_4 时期)太平洋板块俯冲方向由北北西向转为北西西向,同时印度板块开始向北俯冲,与欧亚板块强烈挤压碰撞,二者共同作用在华北地区产生了右旋走滑剪切应力场,使郯庐断裂等中国东部大型走滑断裂由左旋转为右旋,本区处于右旋剪切应力场控制之下,开始发育北东向正断层。

就断裂平面展布、组合特征而言,埕岛地区中、新生代断层的平面分布及组合特征与济阳坳陷其他构造单元存在一定的差异性,如沾化凹陷等区域,中生代的罗西、孤西、五号桩等北西向主要控凹断层呈列式排列,而埕岛地区 3 条主要断层的走向自西向东由北西→北北西→北南,整体呈帚状,北撒南敛。造成这一现象的原因可能是本区紧邻郯庐断裂带,与济阳坳陷其他构造单元相比,受郯庐断裂走滑作用的影响更强烈,在晚侏罗世—白垩纪,郯庐断裂北北东向左旋走滑,使原本呈较规则列式排列的 3 条北西向断层的走向发生偏转,且离郯庐断裂带越近,偏转强度越大,造成了南部的收敛,形成了现今看到的帚状组合。进入新生代以来,郯庐断裂带由左旋走滑转为右旋走滑,埕岛地区的应力场由北东—南西拉张转变为北西—南东拉张,加之右旋走滑作用的影响,断层以走滑为主,垂向正断活动弱,尽管断裂的分布依然表现出北撒南敛的帚状构造,但断裂的弯曲方向却发生了变化。同时,埕北断层发生扭裂,形成 3 条分支断层,且距离郯庐断裂带最近的南支走向转为北东向,埕北 30 北断层的走向也发生了变化,变为北东向(图 3-5)。

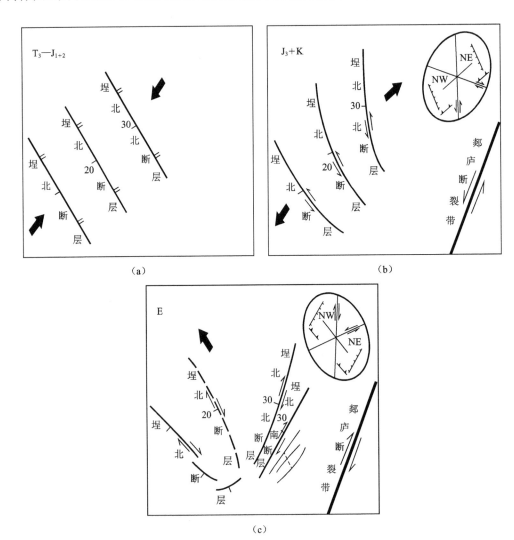

图 3-5　埕岛地区中、新生代应力场转换引起的构造格局变化

构造应力场对油气运移成藏的作用主要体现在以下 2 个方面:

(1)应力引发与最大水平主应力近平行的断层继续活动,并产生新的断裂系统,输导油气;

(2)构造应力是驱动油气运移的间接动力。

构造应力在导致断层、裂缝和微裂缝产生的同时,改变了孔隙结构、流体压力及流体压力梯度,平行于最大水平主应力方向的流体压力减小,油气易于沿最大水平主应力方向运移。埕岛地区东邻郯庐断裂，该断裂带构造运动及其中、新生代应力场自左旋至右旋变化，对埕岛地区的油气成藏具有重要影响：首先表现为郯庐断裂应力场控制了埕岛地区断裂的形成与发展；其次该应力场控制了凹陷和凸起的形成与演化，进而控制了构造和沉积条件；第三，影响油气生成、运移和聚集的全过程，特别是旋扭应力场对油气的排出和运移起到重要的促进作用，使埕岛低凸起成为油气运移、聚集的主要汇聚区。因此，埕岛地区含有丰富的油气资源并形成大油田是与所处的有利动力场环境密切相关的。

第三节　压力场

综合利用由钻井和测井资料直接测得的地层压力参数、地球物理测井资料（主要包括声波时差和电阻率曲线），并利用地震资料（主要包括地震速度谱、波阻抗及振幅）来预测地层压力。

根据实测和计算的地层压力（声波时差法），埕岛地区现今地层流体压力存在 2 种状态，即正常压力和异常高压力，一般上部地层为正常压力系统，下部地层为异常高压系统，界线在 2 200 m 左右。

埕岛地区超压现象较为普遍。从压力-深度交会图（图 3-6a）上可以看出，不同深度的压力梯度变化较大，2 200 m 以上地层压力基本保持在静水压力带附近，为正常压力；随埋深增加，地层压力逐渐偏离静水压力，为正常压力与异常压力过渡带（2 200～3 300 m）；到 3 300 m 以下则主要为超压分布段。压力系数-深度交会图（图 3-6b）则显示，压力系数纵向上基本可分为 2 个带：2 200 m 以上压力系数集中于 1.0 附近；2 200 m 以下压力系

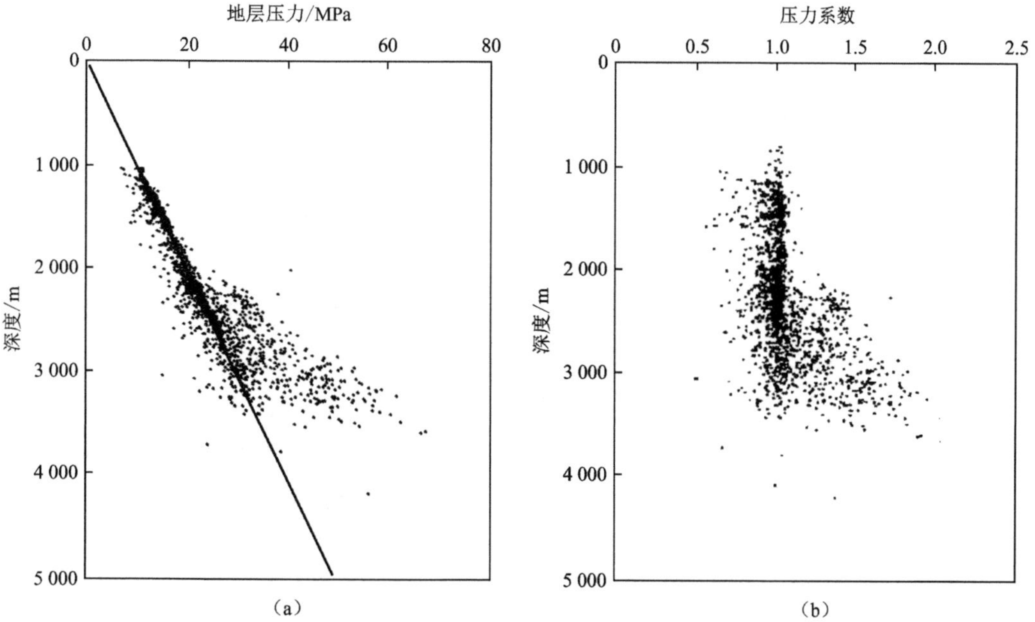

图 3-6　埕岛地区地层压力和压力系数与深度交会图

数集中在 0.9~1.7 之间,压力系数在 1.0 附近的点较密集,压力系数大于 1.2 的点逐步增加。总体上,埕岛地区周边凹陷以超压为其主要压力特征。

在单井剩余压力剖面上,剩余压力随深度的增加逐渐增大,且具有旋回性,每一个剩余压力的高峰对应一个压力封存系统,层位上对应于东营组和沙三段,最高峰与沙三中下亚段烃源岩层相一致(图 3-7)。也就是说,东营组—沙三中下亚段烃源岩均存在流体异常高压。根据埕岛地区流体异常高压的成因,推论烃源岩在生、排烃期也存在异常高压。

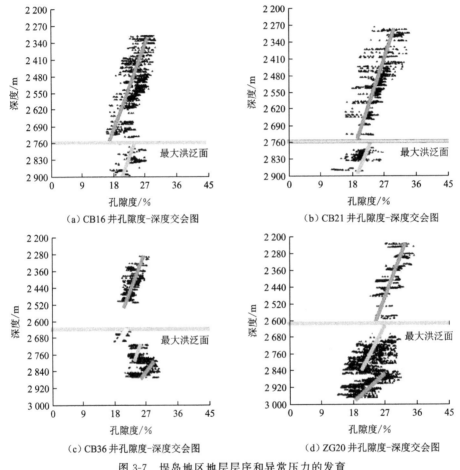

图 3-7 埕岛地区地层层序和异常压力的发育

平面上(图 3-8),凹陷深洼区的剩余流体压力最大,向洼陷边缘和构造高部位,随着泥岩的减少、砂岩的增加及断层的切割,剩余流体压力逐渐减小直至消失。在凹陷的陡坡带,其剩余流体压力等值线密集,凹陷的缓坡带剩余流体压力等值线稀疏,并且异常压力分布范围内存在一系列相对低压区。与欠压实带相对应,异常高压带的空间分布与生油洼陷基本一致,分布于深洼陷、斜坡前缘及较大型断层下降盘的稳定湖相及前三角洲泥岩沉积物中。压力的平面分布在一定程度上反映了地下流体的平面驱动方向,即油气二次运移方向。

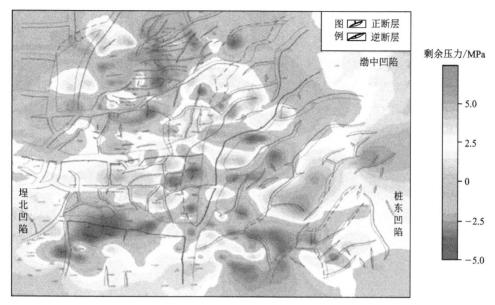

图 3-8 埕岛地区古近系剩余压力平面分布图

埕岛地区周围凹陷持续下沉,接受大量沉积,压实作用明显,下部古近系烃源岩主要发育地层为离心流动力环境。高压由凹陷中心往盆地边缘呈不规则环状降低,由此引起的势能差导致由凹陷中心往边缘呈放射状的流动,油气运移方向主要由盆地中心向盆地边缘、由深往浅,有利于油气的运移和聚集。

埕岛地区上部地层为向心流动力环境,下部古近系烃源岩主要发育地层为离心流动力环境。埕岛地区古近系主力烃源层进入成熟阶段后,大量排出的压出水及烃类沿着不整合系统及断层运移,首先充注在古潜山、古近系湖相和新近系河流相储层中,最终在封闭的低势圈闭中聚集成藏(图 3-9)。

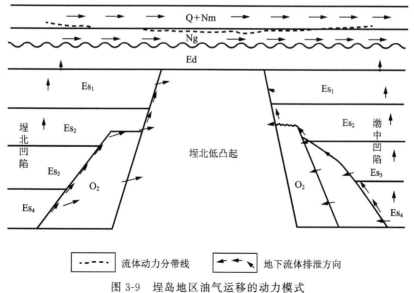

图 3-9 埕岛地区油气运移的动力模式

在埕岛地区的演化过程中,伴随着沉积埋藏和抬升剥蚀的交替发展,地下流体的动力表现出地质旋回性:沉积埋藏阶段,为离心流发育阶段;抬升剥蚀阶段,为向心流发育阶段。离心流动力是凹陷内油气运移的主要动力,埕岛地区历经多次地质旋回,每个旋回又可划分为离心流阶段和向心流阶段,从而形成了油气运移的阶段性推进特点,即油气的阶段性运移。这种阶段性油气运移模式决定了在埕岛地区独立的动力体系中存在阶梯式-环带状的油气分布规律。

第四章
烃源岩特征及油源对比

第一节　烃源岩特征和生烃条件

埕岛地区邻近埕北、渤中、桩东和五号桩 4 个生油凹陷。这些生油凹陷受基底断层控制，具有多套烃源层系、多种生油母质、多期生烃阶段、多期油气充注的多元复合成烃特点。研究区古近系存在 3 个沉积旋回，形成了 3 套主要的烃源岩，即沙三段、沙一段和东营组烃源岩。埕岛周边不同凹陷具有不同的烃源岩发育特征。

一、埕北凹陷

1. 烃源岩分布特征

埕北凹陷北西走向，是埕岛低潜山和埕子口凸起之间的北西向狭长箕状凹陷，面积为 1 100 km²，北断南超，东北侧因埕北断层切割形成埕岛潜山陡坡带，西南斜坡即埕子口凸起的东北坡。古近系厚度约 2 500 m，沙河街组与东营组烃源岩发育。位于凹陷东南的老 16 井沙三段厚 417 m，暗色泥岩厚 398 m，占地层总厚度的 95.4%；沙一段厚 120 m，暗色泥岩厚 108 m，占地层厚度的 90%；埕北 24 井东营组下部厚约 529 m，暗色泥岩厚 426 m，占地层厚度的 80.5%。据地震资料，埕北凹陷中心古近系暗色泥岩厚度应大于 1 000 m，对凹陷周围油气藏的形成具有较大的作用。通过研究埕北凹陷各层段的地层厚度，确定沉积中心及古沉积环境。从沙四段、沙三段到沙一段厚度逐渐变薄，沉积范围逐渐扩大，沉积中心位于埕北断层下降盘，呈北西向展布，向西南逐层超覆。

2. 有机质丰度和类型

岩石中有机质的丰富程度是评价其生油能力的基本要素，国内通用的评价参数包括有机碳（C）含量、氯仿沥青"A"含量、总烃（HC）含量、岩石热解产油潜量（$S_1 + S_2$）、总烃转化率(HC/C)等。

根据埕北凹陷部分探井的烃源岩有机质丰度综合评价结果(表 4-1),沙四段烃源岩属于较好—好烃源岩,具有生烃潜力;沙三段属于好烃源岩,有机地球化学指标均较高,且烃源岩厚度大、分布广,是主力生油层,已找到的油气藏绝大多数都源自沙三段烃源岩;沙一段有机碳含量比沙三段高,产油潜力是沙三段烃源岩的 4.4 倍,总烃转化率是沙三段烃源岩的 1.2 倍,因此亦具有很大的生油潜力,对本区油气的生成有一定的贡献。东营组下段有机质丰度略低于沙三段,属于较好—好烃源岩,但烃源岩厚度大,是仅次于沙三段的重要生油层。

表 4-1 埕北凹陷烃源岩有机质丰度综合评价表(据宋一涛和徐兴友,1995)

层 位	有机碳 C 含量/%	氯仿沥青"A" 含量/%	总烃含量 /10^{-6}	产油潜力 /(mg·g^{-1})	总烃转化率 /(mg·g^{-1})	评价结果
Ed	1.33	0.072 1	498	5.0	35.7	较好—好烃源岩
Es$_1$	4.08	0.717 5	3 771	80.9	94.3	好烃源岩
Es$_2$	0.23	0.013 0	84	0.4	36.7	较差烃源岩
Es$_3$	3.38	0.508 4	2 813	18.2	75.53	好烃源岩
Es$_4$	3.16	0.126 5	291	1.2	31.0	较好—好烃源岩

有机质类型通常根据烃源岩干酪根显微组分和全岩显微组分来判断。埕北凹陷古近系厚度约 2 500 m,发育的主要生油层为沙三中下亚段、沙一段和东三段。沙三段沉积环境为弱氧化—弱还原、微咸水—淡水的湖泊沉积环境,中下部以淡水半深湖—深湖相暗色泥岩、油泥岩、油页岩为主,烃源岩有机质丰度高,干酪根类型主要为Ⅰ,Ⅱ$_1$和Ⅱ$_2$型,属优质烃源岩,为本区主要生油层。沙一段以浅湖相灰色泥岩、油页岩夹生物灰岩为主,上部为灰色、深灰色泥岩夹粉砂岩,下部为灰质泥岩、灰质砂岩夹含生物砂质灰岩、白云岩。富含颗石藻的烃源岩处于较还原咸化的沉积环境,有机质含量十分丰富,干酪根为Ⅰ型,在成油早期和晚期均有贡献,主要生成低成熟原油。东二、东三段沉积环境为弱氧化—弱还原、微咸水—淡水的湖泊沉积环境,发育半深湖—深湖相厚层灰色泥岩、油泥岩、油页岩等类型烃源岩,干酪根以Ⅱ$_1$型为主,在本区广泛分布,厚 1 000 m 以上。由全岩显微组分分析,本区烃源岩有机母质来源为:

(1)东营组上段为高等植物和菌藻类混合生源,以高等植物生源为主;下段为菌藻类、细菌、高等植物混合生源。

(2)沙一段为藻类、原生动物、细菌、高等植物混合生源,以藻类生源为主。

(3)沙三段为菌藻类、细菌和高等植物混合生源,以菌藻类生源为主。

(4)沙四段为高等植物和菌藻类混合生源。

3.有机质的成熟演化

烃源岩有机质的成熟演化与有机质类型、埋藏深度、环境有密切关系。根据盆地模拟分析资料,埕北凹陷生油门限2 500 m(对应地温100 ℃),沙三段烃源岩在馆陶组沉积末期达到生油门限($R_o>0.5\%$),明化镇组沉积末期进入生油高峰($R_o>0.7\%$),此时沙一段和东三段烃源岩也逐渐进入生油门限(图4-1)。现今,3个层位烃源岩仍在生成排出成熟油。埕北凹陷埋藏史表明,馆陶组上段沉积时期沙三段烃源岩进入成熟阶段,明化镇组沉积末期处于成熟期,以提供成熟油为主,沙一段、东营组下段则以提供低成熟油为主。

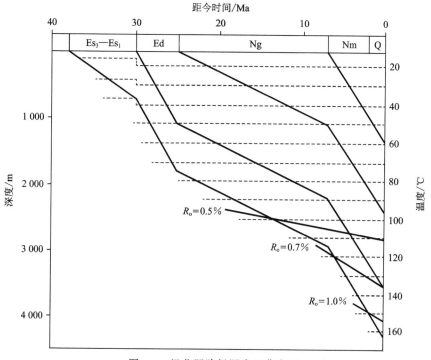

图4-1　埕北凹陷烃源岩埋藏史图

除凹陷南斜坡边缘外,沙四段已全部进入生油门限(现今 R_o 为 $0.3\%\sim1.3\%$),凹陷深处已达高成熟阶段;沙三段现今 R_o 为 $0.3\%\sim1.0\%$,已进入生油门限,局部地区已超过生油高峰;沙一段现今以生成低熟油为主;东营组现今 R_o 为 $0.3\%\sim0.6\%$,东洼部分地区进入生油门限,尚未达到生油高峰。

沙四上亚段现今累积生烃强度为 $(100\sim600)\times10^4$ t/km²,其中西洼仅为 400×10^4 t/km²,东洼是沙四上亚段的生烃中心。沙四上亚段生烃始于东营组沉积期,同期开始排烃,并持续至今。沙三段现今累积生烃强度为 $(200\sim1\,400)\times10^4$ t/km²,其中西洼为 $(200\sim1\,200)\times10^4$ t/km²,且面积较小,东洼为 $(200\sim1\,400)\times10^4$ t/km²,面积较大,是主要的生烃区。沙三段生烃始于东营组沉积期,但排烃期从馆陶组沉积期开始,明化镇组沉积期是生烃排油的高峰期。沙一段现今累积生烃强度为 $(8\sim48)\times10^4$ t/km²,是较重要的生油层。东营组现今累积生烃强度为 $(40 \sim 240) \times 10^4$ t/km^2，主要生烃区在东洼，西洼现今累积生烃强度仅为 $(40 \sim 80) \times 10^4$ t/km^2。沙四上亚段现今累积排油强度为 $(10 \sim 120) \times 10^4$ t/km^2，东洼较大，为 $(10 \sim 120) \times 10^4$ t/km^2，西洼较小，为 $(10 \sim 75) \times 10^4$ t/km^2。沙三段现今累积排油强度为 $(40 \sim 320) \times 10^4$ t/km^2。沙一段现今累积排油强度为 $(5 \sim 28) \times 10^4$ t/km^2。东营组现今累积排油强度为 $(8 \sim 48) \times 10^4$ t/km^2，西洼仅为 $(8 \sim 24) \times 10^4$ t/km^2，主要排油区在东洼。

二、渤中凹陷

渤中凹陷（包括沙南凹陷）呈北东走向，面积 8 200 km^2，古近系厚度约 5 000 m，沙河街组厚度约 2 000 m，东营组厚度约 2 800 m。位于凹陷南部斜坡的 CFD23-1-1 井，其沙河街组厚 457 m，暗色泥岩厚 342 m，暗色泥岩占沙河街组厚度的 74.8%；东营组厚 811 m，暗色泥岩厚 599 m，暗色泥岩占东营组厚度的 73.9%。渤中凹陷与埕北潜山披覆构造带接触的范围大，烃源岩厚度也大，是重要的油源区。

1. 主力烃源岩分布特征

在渤中凹陷已认识的主力烃源岩有 3 套：沙三段（Es$_3$）、沙一段（Es$_1$）及东二段（Ed$_2$）烃源岩。

渤中凹陷沙三段形成于湖盆扩张期，浅湖—深湖相发育，是烃源岩的有利发育部位。据地震与钻孔资料，在渤中凹陷中心，暗色泥岩厚度最大达 1 900 m，平均厚度 550 m。从埕岛油田东部斜坡至渤中凹陷中部，Es$_3$ 暗色泥岩厚度从 300 m 增至 1 000 m 以上。

沙一段沉积是在沙二段海水退积、水体进一步扩大背景下形成的。总体来讲，水体较浅，水质有咸化，平原相与浅湖相占优势，目前仅在个别较深部位，如渤中凹陷中部、沙南凹陷形成小范围的中湖—深湖相沉积。沙一段厚度较薄，一般在 100 ~ 150 m 之间，其中暗色泥岩厚 30 ~ 80 m 不等。

渤中凹陷东营组的形成经历了一个完整的湖盆扩张与退缩阶段。东二段沉积时期的水域继沙一段沉积时期进一步扩大，水域加深，形成分布较广的中深水湖相。东营组上段沉积时期，湖水退缩，发育了平原相与浅湖相。这种沉积背景决定了东营组中烃源岩主要发育在东二段中。渤中凹陷东二段烃源岩分布广、厚度大，暗色泥岩厚度最大达 1 300 m，平均厚度 250 m，尤其在渤中凹陷南部有广泛分布，如 BZ13-1-1 井与 CFD18-2E-1 井东二段暗色泥岩厚度分别为 605 m 和 703 m。

2. 有机质丰度和类型

渤中凹陷沙三段中下部以大套淡水湖相沉积的暗色泥岩、油泥岩为主，有机质丰度高，有机碳含量平均在 2.91% ~ 3.38% 之间，氯仿沥青"A"含量在 0.321 2% ~ 0.508 5% 之间，总烃含量为 1 651×10^{-6}，属好烃源岩（表 4-2）；另一套烃源岩为沙一段至东营组下部,是在沙三段沉积期末抬升剥蚀之后在新的深湖—半深湖相沉积环境中沉积形成的,有机碳含量为 $1.3\%\sim4.08\%$,氯仿沥青"A"含量为 $0.148\,1\%\sim0.717\,5\%$,总烃含量为 $(752\sim3\,771)\times10^{-6}$,也是一套好的烃源岩,但与沙三段烃源岩有明显的差异(表 4-2)。

表 4-2 渤中凹陷烃源岩有机质丰度综合评价表(据宋一涛和徐兴友,1995)

层 位	有机碳 C 含量/%	氯仿沥青"A" 含量/%	总烃含量 $/10^{-6}$	产油潜力 $/(mg \cdot g^{-1})$	总烃转化率 $/(mg \cdot g^{-1})$	评价结果
Ed	0.99	0.063 0	324	未 测	21.4	较好烃源岩
Es$_1$	1.30	0.148 1	752	未 测	47	好烃源岩
Es$_3$	2.91	0.321 2	1 651	未 测	59.5	好烃源岩
Es$_4$	1.51	0.191 9	1 590	未 测	105.3	好烃源岩

渤中凹陷沙三段母质类型以 II_1 型为主,其次是 I 型与 II_2 型。烃源岩成熟度范围广,除渤中凹陷 4 500 m 以下地区处在湿气—干气阶段外,在南部斜坡带沙三段烃源岩埋深 3 500~4 500 m 范围内,处在主生油阶段。地化分析资料表明,沙三段烃源岩的典型特征是普遍含有伽马蜡烷(γ-蜡烷),但含量较低,γ-蜡烷/C$_{30}$藿烷一般不到 0.15;4-甲基 C$_{30}$甾烷含量高,4-甲基 C$_{30}$甾烷/C$_{29}$甾烷介于 0.25~1.5 之间;Pr/Ph 值较高,一般在 1.0~1.7 之间。

目前关于沙一段暗色泥岩生油评价的资料并不多,但据已有钻孔资料,沙一段烃源岩母质类型较差,以 III 型、II_2 型为主,生油潜能有限。但在中—深相分布区,沙一段暗色泥岩是极好的烃源岩,总烃含量高达 $4\%\sim7\%$,氯仿沥青"A"及总烃含量分别可达 $0.3\%\sim1.0\%$ 和 $(1\,000\sim3\,000)\times10^{-6}$,母质类型以 I 型为主。由于沙一段烃源岩形成于较咸水环境,典型样品的地化特征是伽马蜡烷含量较高,γ-蜡烷/C$_{30}$藿烷一般大于 0.30;4-甲基 C$_{30}$甾烷含量低,4-甲基 C$_{30}$甾烷/C$_{29}$甾烷介于 0~0.25 之间;Pr/Ph 较低,一般在 1.0~0.60 之间。

东二段暗色泥岩总烃含量较高,一般在 $1\%\sim3\%$ 之间,氯仿沥青"A"含量为 $0.03\%\sim0.08\%$,总烃含量为 $(150\sim1\,000)\times10^{-6}$,母质类型以 II_1 和 II_2 型为主,含少量 I 型和 III 型。烃源岩成熟度分布取决于埋深,可划分成 3 个区域:埕岛油田东部斜坡带埋深 3 000~3 300 m 区域,烃源岩处在低成熟—未成熟阶段;渤中凹陷斜坡带埋深 3 300~4 500 m 区域,烃源岩处在主生油期,以生油为主,少量天然气;渤中凹陷中心埋深大于 4 500 m 区域,烃源岩主要生成凝析油及大量天然气。由于东二段烃源岩形成于水体淡化的湖泊环境,其性质有些介于沙一段和沙三段烃源岩之间,其典型特征是 4-甲基 C$_{30}$甾烷与伽马蜡烷含量均较低,4-甲基 C$_{30}$甾烷/C$_{29}$甾烷和 γ-蜡烷/C$_{30}$藿烷分别小于 0.25 和 0.15;Pr/Ph 值与沙三段类似,介于 1.0~1.5 之间。有些样品具有与沙三段烃源岩过渡的特征,γ-蜡烷/C$_{30}$藿烷分布在 0.15~0.30 之间。

3. 有机质的成熟演化

埋藏史分析表明,渤中凹陷的生油门限深度为 3 000 m 左右(图 4-2)。渤中凹陷南部沙三段烃源岩在馆陶组沉积末期进入生油门限,明化镇组沉积末期进入高成熟阶段甚至湿气阶段(R_o 为 1.0%～2.0%),生成凝析油气。

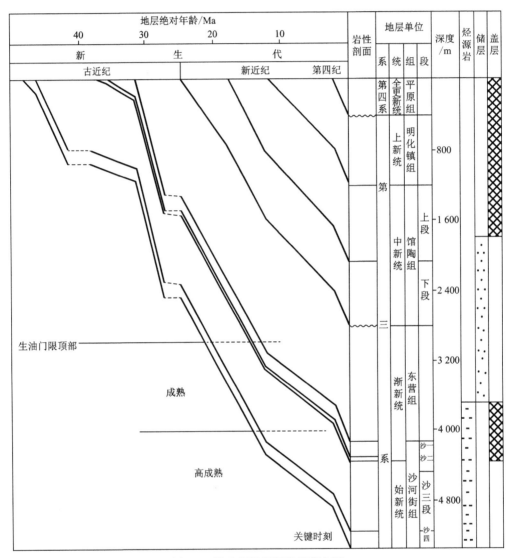

图 4-2 渤中凹陷烃源岩埋藏史图

沙一段和东营组烃源岩在明化镇组沉积时期进入生油门限,明化镇组沉积末期进入成熟阶段,东三段烃源岩现今仍可生成排出成熟油(0.7%＜R_o＜1.0%),而沙一段烃源岩大面积进入了生油晚期的高成熟、过成熟阶段,生成凝析油气。据研究,渤中凹陷新生界厚度超过 10 000 m,生油量 254.28×10^8 t,油资源量 24.16×10^8 t,生气量 351×10^{11} m³,气资源量 3.81×10^{11} m³,是一个"大而肥"的北东向延伸的宽阔箕状富生烃凹陷。

凹陷与埕北潜山构造带接触的范围大,烃源岩厚度大、埋藏深、成熟度高,是埕岛地区油气的重要烃源区。

三、桩东凹陷

1. 主要烃源岩分布特征

桩东凹陷位于渤海南部,介于垦东凸起与渤南凸起之间,以渤南断层与北部东西向渤中凹陷分隔,为东西走向,北断南超,面积 2 900 km²,古近系厚度约 3 000 m,最大埋深 5 000 m 以上,主要生油层系及烃源岩特征与埕北凹陷相似。据胜利油田海洋石油公司有关资料,古近系暗色泥岩占地层厚度的 70% 以上。桩东凹陷为一开阔的多断型凹陷,营潍断裂带西支穿过凹陷中部,将其分为东、西两部分。凹陷西部具有北断南超的结构,有南北 2 个沉积中心,中间被中央断裂构造带分割,古近系为持续沉降型沉积。桩东凹陷西洼的主要烃源岩层是沙三段,厚 200～800 m,暗色泥岩厚 100～500 m。东营组下段是另一重要的生油层,其次是沙一段和沙四上亚段。

桩东凹陷生油范围大,在新生界中晚期沉降幅度大,在凹陷北界渤南断层下降盘前新生界埋藏深度达 6 500 m,古近系最大厚度超过 3 300 m,沙三段、沙一段和东营组等生油层系厚度大、有机质丰度高、母质类型好、分布广泛且埋藏深,具备了多层系大量生烃的良好条件。BZ25-1-1 井完钻于沙三段下部,古近系厚 1 467.5 m,其中暗色泥岩厚 980.0 m,占该地层厚度的 66.8%;沙三段厚 589.5 m,其中暗色泥岩厚 448.0 m,占该地层厚度的 76%。据 BZ34-2-1 井分析,沙四段有机碳含量平均为 1.29%;沙三段为 1.85%,干酪根为混合型;东营组有机碳含量平均为 1.35%,以混合型母质为主。

2. 有机质丰度和类型

桩东凹陷的主要烃源岩为沙三段、沙一段和东营组下段。沙四上亚段暗色泥岩厚 20～100 m,有机碳含量平均为 1.38%,氯仿沥青"A"含量为 0.095 0%,有机质为 II₁型。沙三段有机碳含量平均为 1.75%,总烃含量为 1 305×10⁻⁶,产油潜力为 7.11 mg/g,有机质为 II₁型。沙一段暗色泥岩厚 30～120 m,有机碳含量较高(1.0%),有机质类型也较好(II₁型)。东营组下段也是重要的生油层系,暗色泥岩厚 100～500 m,其有机碳含量平均为 1.03%,有机质类型为 II₁型。

沙三段以湖相暗色泥岩为主,夹砾岩、砂岩、油页岩及粒屑灰岩,含有介形虫、孢粉、藻类等化石,其中渤海藻最为丰富,该段为主要的生油层系。沙一段为一套浅湖相沉积,下部为暗色泥岩及油页岩、灰质岩类等特殊岩性段;上部为灰色泥岩夹细砾岩,含有介形虫及腹足类等化石。沙三段和沙一段为优质烃源岩,有机碳含量在 3% 以上,最高达 7.02%,占古近系有机碳总量的 70%。东营组为滨浅湖相沉积,下段以暗色泥岩为主,夹细砾岩,化石较为丰富,有介形虫、孢粉、藻类;上段以砂砾岩为主,夹泥岩,化石稀少,为良好的储集层系。东营组下段有机碳含量较低(0.41%～0.83%),为较差烃源岩。桩东凹陷仅在西部的埕岛构造斜坡部位取得样品,沙三段有机质类型为Ⅱ₁型,东营组有机质类型以Ⅱ₁型和Ⅱ₂型为主。

3. 有机质的成熟演化

根据BZ34-2油田实测资料,地温梯度平均为3.20 ℃/100 m,生油门限约为2 650 m。对应地温90 ℃。沙三段在东营组沉积末期—馆陶组沉积初期进入生油门限,馆陶组沉积末期进入生烃高峰阶段(R_o=1.0%),明化镇组沉积末期进入高成熟阶段(R_o=1.0%~2.0%),生成凝析油气。沙一段和东三段在馆陶组沉积末期进入生油门限,在明化镇组沉积末期普遍达到成熟油生油高峰期,现今仍可排出成熟油(图4-3)。东营组下段底部 R_o 为0.5%~0.9%,处于成熟阶段,大部分地区达到生油高峰,成为桩东凹陷西洼另一重要的油气来源。

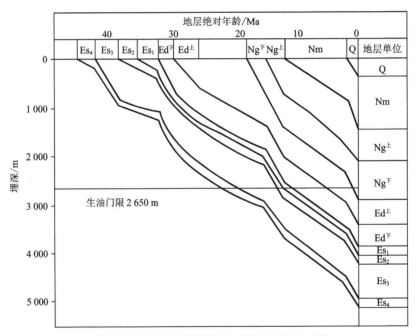

图 4-3　桩东凹陷西洼南部沉降中心埋藏史(据林玉祥,2000)

桩东凹陷西洼烃源岩具有生、排烃强度大的特点(图4-4)。沙三段生烃强度为0~1 200×10⁴ t/km²,生气强度为0~90×10⁸ m³/km²,排油强度为0~270×10⁴ t/km²,排气强度为0~60×10⁸ m³/km²。沙三段主要生气阶段始于馆陶组下段沉积时期,于明化镇组沉积时期达到生气高峰,排气主要时期是明化镇组沉积时期和第四纪。东营组下段生烃强度为0~800×10⁴ t/km²,生气强度为0~36×10⁸ m³/km²,排油强度为0~180×10⁴ t/km²,排气强度为0~15×10⁸ m³/km²。东营组下段生气主要时期始于明化镇组沉积时期,并于明化镇沉积期末达到生气高峰,排气主要时期是明化镇组沉积时期和第四纪。

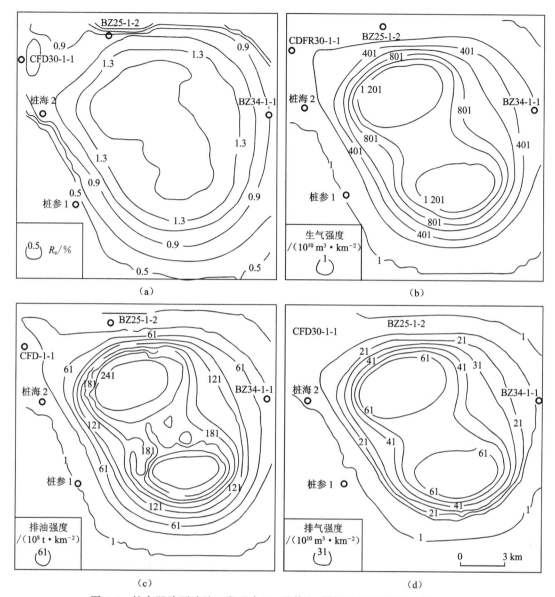

图 4-4　桩东凹陷西洼沙三段现今 R_o 及其生、排烃强度图（据林玉祥，2000）

前人对桩东凹陷的生烃潜力进行了大量的模拟和计算。根据中国海洋石油开发研究中心的"油气资源评价专家系统"（简称 PRES）对滩海及其附近地区油气的生成、运移和聚集量的模拟结果，桩东凹陷总的生烃量为 132.24×10^8 t，总的排烃量为 74.02×10^8 t；渤海石油公司 1988 年对桩东凹陷资源量进行了模拟计算，总的生烃量为 102.37×10^8 t，排烃量为 40.0×10^8 t；马顺明等于 1992 年对桩东凹陷的生烃潜力也进行了模拟计算，东营组生烃量为 $88.298\ 6 \times 10^8$ t，沙河街组（包括沙一段、沙三段和沙四上亚段）生烃量为 277.339×10^8 t，古近系总的生烃量达 $365.637\ 5 \times 10^8$ t，排烃量按 30% 的排烃系数亦可达 $109.691\ 3 \times 10^8$ t。虽然不同人和不同方法模拟计算的结果不同甚至差异较大，但其共同之处在于对桩东凹陷的生排烃潜力的评价是乐观的。估计埕岛地区总资源量的 15%

来自桩东凹陷西注,为 $7\,050\times10^4$ t,探明储量约 $1\,539\times10^4$ t,埚岛地区来自桩东凹陷的油气还有较大的勘探潜力。

四、五号桩洼陷

五号桩洼陷为沾化凹陷东北部的北东向较宽阔的箕状洼陷,面积 $3\,200$ km²,总生烃量为 16.275×10^8 t,总排烃量为 4.302×10^8 t,资源量为 1.7×10^8 t。五号桩洼陷主力烃源岩为沙四上亚段—沙三下亚段,其次为沙一段和沙三中亚段。沙三段烃源岩沉积于氧化—弱氧化且富含黏土的沉积环境。

沙三下亚段烃源岩与沙四上亚段烃源岩相似,有机质含量丰富,干酪根类型主要为Ⅰ型,少数为Ⅱ₁型,是淡水环境中深湖—半深湖相发育的优质烃源岩。沙三中亚段烃源岩有机质丰度比沙三下亚段烃源岩有所降低,干酪根类型主要为Ⅲ型,为一套一般烃源岩。沙一段烃源岩沉积于半咸水—咸水较为还原的沉积环境,有机质丰度高,干酪根类型为Ⅰ型,主要生成低熟油。五号桩洼陷生油门限为 $2\,650$ m。沙四上亚段—沙三段烃源岩在明化镇沉积初期才进入生油门限,中期达到排烃门限($3\,000$ m),主要排烃期是明化镇组沉积末期,以提供成熟油为主。沙一段烃源岩在明化镇沉积末期进入生油门限。现今,五号桩洼陷多套烃源岩仍在排出成熟油。

根据胜利油田资源评价结果(表4-3),埚岛地区周边凹陷的总生烃量达 441.7×10^8 t,总排烃量达 96×10^8 t,石油总资源量达 44.2×10^8 t,聚集系数按20%计算,埚岛地区可供探明的总资源量达 8.4×10^8 t,资源丰度 124.13×10^4 t/km²,探明程度不足50%,剩余勘探潜力较大。

表4-3 埚岛地区周边凹陷生油资源量统计表

凹陷名称	面积/km²	古近系厚度/m	生油门限/m	生烃量/(10^8 t)	排烃量/(10^8 t)	油资源量/(10^8 t)	生气量/(10^8 m³)	气资源量/(10^8 m³)
渤 中	8 660	5 000	3 000	276.5	62.1	28.0	801 290	4 006
桩 东	2 570	3 500	2 650	66.0	13.5	6.6	144 984	724
沙 南	1 000	1 600	2 600	64.3	13.4	6.4	38 419	191.5
埚 北	1 100	1 500	2 500	34.9	7.0	3.2	13 693	68.3
合 计	13 330			441.7	96.0	44.2	998 386	4 989.8

第二节 埚岛地区油源对比

埚岛地区沙河街组、东营组及潜山原油一般保存完好,未遭受生物降解作用,原油密度低,而主要含油层系馆陶组和明化镇组原油却普遍遭受了生物降解作用,为轻微—中等降解油,原油密度较大,用于油源对比的甾、萜烷等生物标志化合物参数未受到影响。

一、潜山油源分析

通过对埕岛地区潜山原油的分析,按油气来源将其分为以下 6 种类型。

1. 第Ⅰ类原油

该类原油主要分布于西排山,其生物标志化合物特征(图 4-5)表现为:饱和烃正构烷烃呈馒头型分布,碳数分布范围为 $C_9 \sim C_{40}$,主峰碳为 C_{23},$\sum C_{21}/\sum C_{22}$ 值接近 1,OEP 值为 1.1,Pr/C_{17} 和 Ph/C_{18} 分别为 0.47 和 0.35。甾烷类以规则甾烷为主,且分布模式为 "V"形,即 $C_{27}>C_{29}>C_{28}$,以 C_{27} 甾烷占优势;含有丰富的重排甾烷、C_{30} 重排藿烷,且有 C_{29} Ts 峰分布,γ-蜡烷/C_{30} 藿烷为 0.16~0.29,均小于 0.3,表明烃源岩处于弱氧化—弱还原的淡水—微咸水环境。部分样品中 4-甲基甾烷丰度很高,例如埕北古 1 井 C_{30} 4-甲基甾烷/C_{29} 规则甾烷达 0.56,C_{29} 甾烷 $20S/[20(S+R)]$ 分布在 0.27~0.45 之间,芳烃以萘、菲系列化合物为主要成分,其次为三芴系列,三芳甾烷和脱羟基维生素 E 也有少量分布,其中 δ 和 γ 构型含量甚微,表明原油已进入成熟阶段,但属于生烃高峰前的产物。该类原油生物标志化合物特征与埕北凹陷沙三段烃源岩相似,沙三段烃源岩直接与埕岛潜山接触,生成的油气可直接进入潜山。

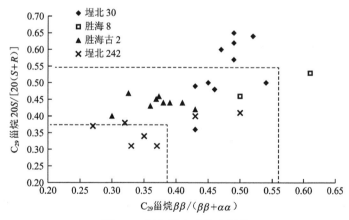

图 4-5　埕岛潜山成熟度划分

2. 第Ⅱ类原油

该类原油主要分布于东排山埕北 30 潜山带,正构烷烃呈抛物线形分布,原油碳数分布范围为 $C_8 \sim C_{38}$,主峰碳为 C_{15},$\sum C_{21}/\sum C_{22}$ 值大于 1,以低碳数烃类为主要成分,Pr/C_{17} 和 Ph/C_{18} 分别为 0.21 和 0.16。该地区原油与西排山源油生物标志化合物特征有相似之处,规则甾烷的分布模式为 "V"形,以 C_{27} 甾烷占优势,重排甾烷和 4-甲基甾烷含量均较高，C_{27}重排甾烷/C_{27}规则甾烷分布在 0.32～0.52 之间，C_{30}4-甲基甾烷/C_{29}规则甾烷为 0.35～0.52。埕北 30 井中生界储层 γ-蜡烷/C_{30}藿烷为 0.18～0.29，其余分布在 0.10 左右。普遍存在 C_{30}重排藿烷和 C_{29}Ts。东排山埕北潜山带原油的成熟度明显高于西排山（图 4-6），甾烷异构化参数 C_{29}20S/20($S+R$)分布在 0.43～0.54 之间。Ts 含量大于 Tm 含量，Ts/Tm 有的高达 2.44(图 4-6)。芳烃以萘、菲系列化合物为主要成分，部分样品只含有萘系列，三芳甾烷和脱羟基维生素 E 含量甚微，表明原油为烃源岩进入生烃高峰期的热降解产物。东排山埕北 30 潜山油藏所产出的原油成熟度较高，与埕北凹陷沙三段有所区别，而与渤中凹陷沙三段烃源岩相似，埕北 30 潜山原油来源于渤中凹陷沙三段烃源岩，只在局部中生界中混有沙一段烃源岩排出的有机质。

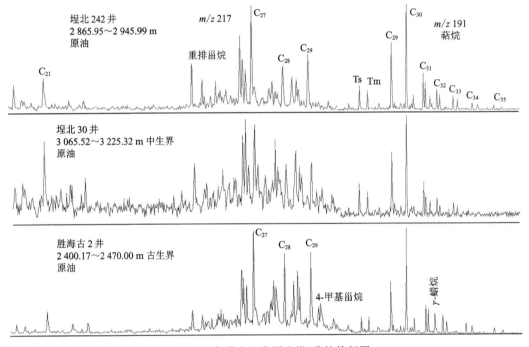

图 4-6　埕岛潜山 3 类原油甾、萜烷特征图

3. 第Ⅲ类原油

该类原油为混源油，分布局限，位于中排山南部胜海古 2 井古生界原油(图 4-6)，甾烷异构化参数 C_{29}20S/20($S+R$)分布在 0.33～0.43 之间，原油中不存在 C_{26}甾烷，Ts 含量一般小于 Tm 含量，成熟度比胜海古 3 井和埕北 30 井潜山原油偏低，但属成熟原油。最重要的是规则甾烷的分布模式为"L"形，即 C_{28}甾烷含量较高，C_{28}甾烷的相对含量分布在 28%～38% 之间，重排甾烷丰度较低，存在少量的 4-甲基甾烷，γ-蜡烷较丰富，γ-蜡烷/C_{30}藿烷为 0.23～0.52，Pr/Ph 为 1.25，因此认为胜海古 2 井原油性质与埕北 30 潜山原油不同。胜海古 2 井古生界原油主要来自渤中沙一段烃源岩，并混有少量沙三段烃源岩生成的烃类。

位于中排山东部的胜海 8 井和埕北古 4 井潜山原油成熟度介于埕北 30 潜山原油与

胜海古 2 井古生界原油之间,甾烷异构化参数 $C_{29}20S/20(S+R)$ 达 0.50,Ts 含量大于Tm 含量,γ-蜡烷/C_{30} 藿烷分布于 0.16～0.28 之间,正构烷烃分布为 C_{17} 以前的低碳数烃类和 C_{23} 以后的高碳数均有较高的丰度,说明是成熟与高成熟混合原油。胜海 8 井潜山原油主要来自渤中凹陷沙三段烃源岩,并混有少量沙一段烃源岩生成的烃类。

4. 第Ⅳ类原油

第Ⅳ类原油主要分布于桩海地区中部的潜山及古近系储层中,如桩古 46 井(O)、桩古斜 47 井(Pz)、老 301 井(Pz,Art)、桩 125 井(Pz,Es$_2$—Es$_3$)及老 8 井(Es$_3$)、老 9 井(Es$_4$)等。该类原油的生物标志化合物特征不同于埕北断裂带原油,而与桩西潜山(桩古 19 井、桩古 10 井)原油特征一致。Pr/Ph 大于 1,具有明显的姥鲛烷优势;γ-蜡烷含量低(图 4-7),γ-蜡烷/C_{30} 藿烷为 0.04～0.20,表明其烃源岩的沉积环境为弱氧化淡水环境。Ts/Tm 为 1.07～3.01,含有较丰富的 C_{29}Ts、C_{30} 重排藿烷及重排甾烷,并且 4-甲基甾烷十分丰富;二环萜烷以锥满烷和升锥满烷为主。C_{29} 甾烷异构化参数 $C_{29}20S/(20S+20R)$ 为 0.44～0.57,$C_{29}\beta\beta/(\beta\beta+\alpha\alpha)$ 为 0.42～0.58,为成熟原油。该类原油与五号桩洼陷沙三下亚段烃源岩具有很强的可比性,表明该类原油来自五号桩洼陷沙三下亚段烃源岩。

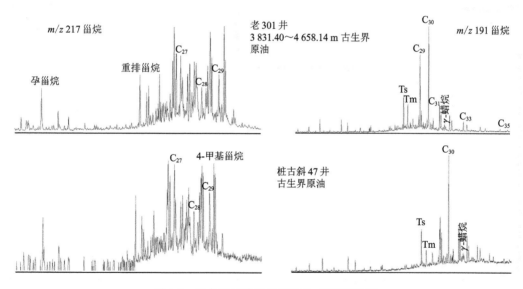

图 4-7　埕岛地区第Ⅳ类原油甾、萜烷特征图

5. 第Ⅴ类原油

该类原油主要分布于桩海地区东北部的潜山,如桩海 10 井、埕北 305 井(图 4-8)、埕北 306 井、埕北 302 井、埕北 303 井等。该类原油同第Ⅳ类原油一样,具有姥鲛烷优势,缺乏 γ-蜡烷,Ts 含量丰富,Ts/Tm 为 1.25～5.03,具有较丰富的 C_{29}Ts 和 C_{30} 重排藿烷,表明其烃源岩形成于淡水湖相沉积体系;而不同的是该类原油重排甾烷含量更高,低碳数的孕甾烷和三环萜烷丰富,其中 $C_{21}+C_{22}$ 孕甾烷/C_{27} 规则甾烷为 0.37,C_{19}～C_{29} 三环萜烷/五

环萜烷高达 0.27,远高于上述几类原油。C_{29} 甾烷异构化参数 $C_{29}20S/(20S+20R)$ 为 0.46～0.54,$C_{29}\beta\beta/(\beta\beta+\alpha\alpha)$ 为 0.50～0.63,为成熟—高成熟原油。分析表明,该类原油来源于桩东凹陷沙三段烃源岩。

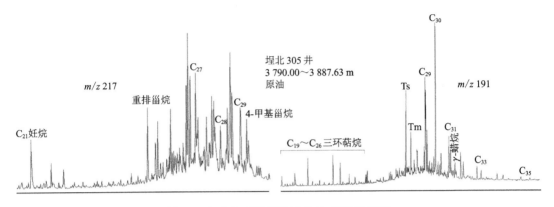

图 4-8 埋岛地区第 Ⅴ 类原油甾、萜烷特征图

6. 第Ⅵ类原油

该类原油同样属于混源油藏,主要分布于桩海地区东部长堤断层附近的第三系,如桩斜 221 井、桩斜 18 井(图 4-9)等。该类原油与第Ⅲ类混源油不同,其不同之处主要表现在成熟度方面,该类原油的热演化程度明显高于第Ⅲ类原油,属成熟油。类异戊二烯化合物

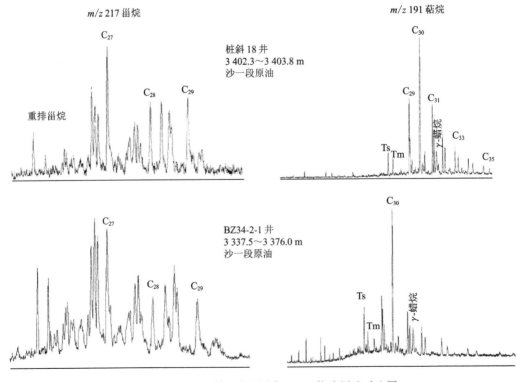

图 4-9 埋岛地区第Ⅵ类原油与 BZ34 构造原油对比图

具有姥鲛烷优势,Ts 含量较高,Ts/Tm 为 0.74～1.08,同时含有重排甾烷及 C_{30} 重排甾烷和 C_{29}Ts,这些都是沙三段烃源岩的特征。但是 γ-蜡烷含量比沙三段烃源岩所生原油明显增加,γ-蜡烷指数为 0.23～0.35,地质构型的异甾烷已经较为发育,C_{29}20S/(20S+20R) 为 0.38～0.46,$C_{29}\beta\beta/(\beta\beta+\alpha\alpha)$ 为 0.37～0.43,显示出咸化、成熟的特点,而且 C_{28} 甾烷丰富,因此有沙一段烃源岩的贡献。桩海地区东部的桩东凹陷沙三段和沙一段原油已成熟。该类原油与桩东凹陷的 BZ34 构造的原油有较大的相似性。因此,第Ⅵ类混源油来源于桩东凹陷,是由该凹陷沙三段与沙一段 2 套成熟的优质烃源岩提供的混源油。

二、新生界油源分析

通过对埕岛地区新生界原油的深入剖析,按油气来源将其分为以下 6 种类型。

1. 第Ⅰ类原油

该类原油为低熟油。其生物标志化合物特征为:Pr/Ph＝0.59,具有植烷优势,γ-蜡烷/C_{30}藿烷为 0.35～0.56,Ts 含量小于 Tm 含量。规则甾烷的分布模式为"L"形,即 $C_{27}>C_{28}>C_{29}$,重排甾烷不发育。成熟度参数 C_{29}20S/20$(S+R)$ 均低于 0.35,含有 C_{26} 甾烷和 C_{30} 甲藻甾烷(图 4-10)。油源对比表明,该类原油由埕北凹陷沙一段烃源岩所提供,主要分布于靠近埕北凹陷的埕北断裂带附近。

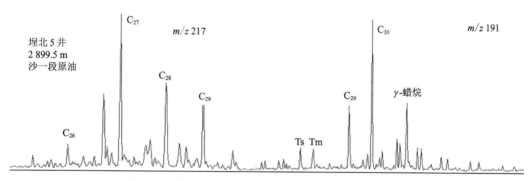

图 4-10 第Ⅰ类原油 m/z 217 和 m/z 191 质量色谱图

2. 第Ⅱ类原油

该类原油为埕北凹陷沙三段提供的成熟油,根据原油的生物标志化合物特征又可分为 2 个亚类。

(1)第一亚类原油生物标志化合物特征为:Pr/Ph 为 1.53,呈姥鲛烷优势,γ-蜡烷/C_{30}藿烷为 0.16～0.30(图 4-11)。这表明原油的成油母质处在微咸水—淡水的沉积环境。低碳数的孕甾烷和升孕甾烷含量较低,$(C_{21}+C_{22})/(C_{27}+C_{28}+C_{29})$ 均分布在 0.15以下,重排甾烷和 4-甲基甾烷均有分布,但丰度较低,4-甲基甾烷的丰度明显低于潜山原油。胜海 7 井东营组原油未遭受生物降解,其 $C_{29}20S/20(S+R)$ 和 $C_{29}\beta\beta/(\alpha\alpha+\beta\beta)$ 分别为 0.35 和 0.39;馆陶组原油 C_{29} 甾烷 $C_{29}20S/20(S+R)$ 和 $C_{29}\beta\beta/(\alpha\alpha+\beta\beta)$ 分别为 0.40～0.49 和 0.33～0.55,馆陶组原油普遍遭受生物降解,随降解程度的增加,甾烷异构化程度增大,如果排除生物降解作用的影响,它们的真实成熟度可能要低些,因此这类原油为低成熟—中等成熟的原油。Ts/Tm 值为 1.0 左右。油源对比表明,该类原油与埕北凹陷沙三段烃源岩生物标志化合物特征相似,为埕北凹陷沙三段烃源岩进入生油高峰前的产物。该类原油主要分布于胜海地区西部,如胜海 7 井(Ed)、胜海 5 井(Ed)、胜海 2 井(Ng)等。

(2)第二亚类原油主要分布于埕岛地区西部的东营组、馆陶组、明化镇组储层,其饱和烃正构烷烃从 C_{14} 到 C_{35},主峰碳为 C_{23},OEP 为 1.11,Pr/Ph 为 1.30,呈姥鲛烷优势,原油 γ-蜡烷/C_{30} 藿烷分布在 0.11～0.25 之间。该类原油最重要的特征是具有高丰度的重排甾烷、孕甾烷、升孕甾烷和重排孕甾烷(图 4-11)。$(C_{21}+C_{22})/(C_{27}+C_{28}+C_{29})$ 值分布在 0.16～0.43 之间,C_{27} 重排甾烷/C_{27} 规则甾烷分布在 0.52～0.69 之间。Ts 含量均大于 Tm 含量,Ts/Tm 值分布在 1.20～1.78 之间。埕北 11A-5 井东营组储层 2 091.50 m 原油未遭受生物降解(图 4-11),$(C_{21}+C_{22})/(C_{27}+C_{28}+C_{29})$ 值为 0.17,C_{27} 重排甾烷/C_{27} 规则甾烷为 0.54,这说明生物降解作用可能不是造成该类原油重排甾烷和孕甾烷含量高的原因。重排甾烷含量高是原油来源于富含黏土烃源岩的典型特征。甾烷异构化参数 C_{29} 甾烷 $C_{29}20S/20(S+R)$ 和 $C_{29}\beta\beta/(\alpha\alpha+\beta\beta)$ 分别为 0.50 和 0.40,接近成熟平衡值,与埕北 4 井 3 650.00 m 沙三段烃源岩生物标志化合物特征较一致,说明该类原油为埕北凹陷的沙三下亚段烃源岩进入生烃高峰期的产物。

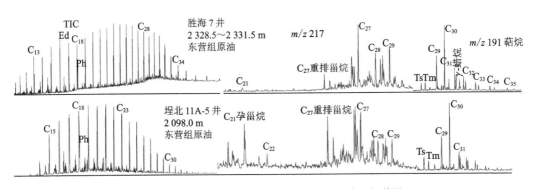

图 4-11　第Ⅱ类原油 m/z 217 和 m/z 191 质量色谱图

3. 第Ⅲ类原油

该类原油为混源油,其生物标志化合物特征为:γ-蜡烷含量中等,γ-蜡烷/C_{30} 藿烷值为 0.36(图 4-12),规则甾烷中 C_{28} 甾烷的相对含量也大于 30%,混入部分沙一段烃源岩排出的有机质,致使 γ-蜡烷、C_{28} 甾烷含量增加。胜海 7 井馆陶组原油和胜海 201 井 1 314.00 m 原油应为埕北凹陷沙三段与沙一段烃源岩 2 套源岩所提供。

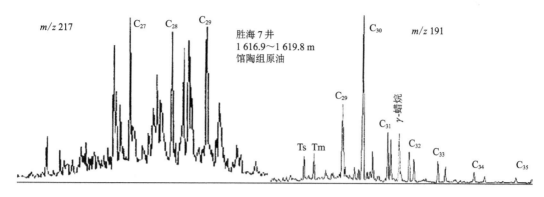

图 4-12　第Ⅲ类原油 $m/z\ 217$ 和 $m/z\ 191$ 质量色谱图

4.第Ⅳ类原油

该类原油为成熟油，其正构烷烃碳数分布范围较宽，为 $C_{13} \sim C_{38}$，γ-蜡烷含量较高，γ-蜡烷/C_{30} 藿烷为 0.50，规则甾烷中 C_{28} 甾烷的相对含量也大于 30%，C_{29} 甾烷 $C_{29}\,20S/20(S+R)$ 为 0.39，埕北 30 井东营组原油即是这种特征（图 4-13）。由于渤中凹陷埋藏较深，沙一段烃源岩在馆上段沉积时期已进入成熟门限，因此该类原油主要来自渤中凹陷沙一段烃源岩。

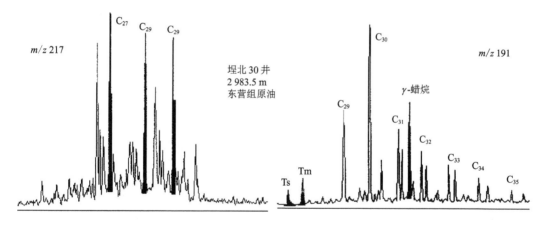

图 4-13　第Ⅳ类原油 $m/z\ 217$ 和 $m/z\ 191$ 质量色谱图

5.第Ⅴ类原油

该类原油的生物标志化合物特征与第Ⅱ类原油第二亚类相似（图 4-14），即 γ-蜡烷/C_{30} 藿烷在 0.11 左右，具 C_{27} 甾烷优势，成熟度较高，$C_{29}\,20S/20(S+R)$ 和 $C_{29}\,\beta\beta/(\alpha\alpha+\beta\beta)$ 分别为 0.44 和 0.58，Ts/Tm 值高达 1.61；其区别在于该类原油三环萜烷含量较低，孕甾烷和重排甾烷的丰度有所降低，$(C_{21}+C_{22})/(C_{27}+C_{28}+C_{29})$ 值为 0.11，C_{27} 重排/C_{27} 规则值为 0.37。该类原油的生物标志化合物特征与渤中凹陷沙三段的弱氧化—弱还原环境烃源岩生物标志化合物特征较吻合，主要来自渤中凹陷沙三段烃源岩。

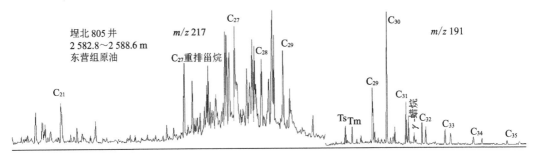

图 4-14　第 V 类原油 m/z 217 和 m/z 191 质量色谱图

6. 第 VI 类原油

该类原油为混源油。胜海 10 井和胜海 8 井则表现为规则甾烷 C_{27}，C_{28} 和 C_{29} 含量相当（图 4-15），相对含量均分布在 33% 左右，特别是胜海 10 井 C_{28} 甾烷为最高峰，γ-蜡烷/C_{30} 藿烷值小于 0.30。该类原油均含有重排甾烷、C_{30} 重排藿烷、C_{29} Ts。该类原油主要分布于胜海地区东部，有机质来源以沙三段为主，混有少量沙一段烃源岩生成的烃类，与下部潜山原油来源一致。

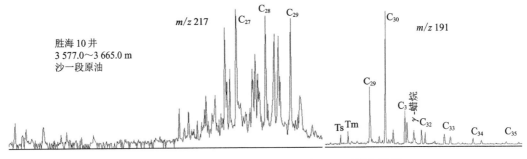

图 4-15　第 VI 类原油 m/z 217 和 m/z 191 质量色谱图

综上所述，油源对比结果表明，埏北凹陷所产生的油气主要运移至埏岛主体构造带和埏北断裂带附近，并聚集、成藏；渤中凹陷所产生的油气主要运移至斜坡带和埏北 30 潜山带，并聚集、成藏；桩东凹陷的油气主要运移至 CB30 构造带（CB30 和 CB301 井区）和桩海地区东部，并聚集、成藏；五号桩洼陷的油气主要运移至桩海地区南部，并聚集、成藏（图 4-16）。根据油源分析结果，结合各层系已经探明的石油地质储量，埏北凹陷是埏岛地区的主要油源，其次为渤中凹陷，桩东凹陷也是该区的重要油气来源，五号桩洼陷相对贡献较少。

根据资源评价结果，埏岛地区周边凹陷的石油资源量排序为渤中凹陷＞桩东凹陷＞埏北凹陷，而目前所探明的石油地质储量以来自埏北凹陷为主，占埏岛地区总探明石油地质储量的 82%，这一方面说明埏北凹陷生成的油气具有较高的聚集效率，另一方面也说明埏岛地区来自其他凹陷的油气仍具有较大的勘探潜力。

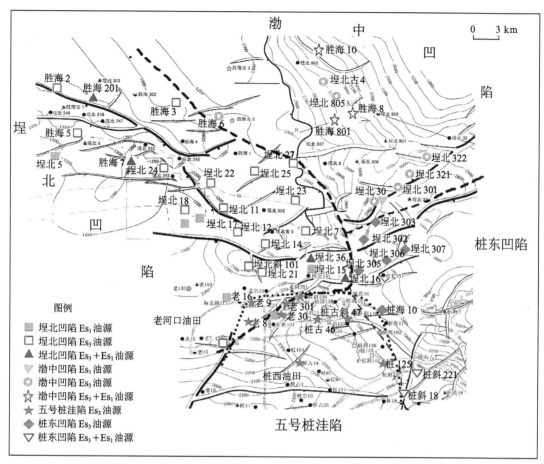

图 4-16 埕岛地区油气来源与分布图

第五章
输导体系特征

油气并非做三维空间等效发散运移,而是被限制在一定的路径上进行运移聚集,因此存在油气运移的主干道,即油气运聚的输导体系。目前,在成藏动态过程研究中,油气输导体系的研究日益引起研究者的重视。输导体系作为烃源岩与圈闭联系的纽带,是圈闭有效性衡量的重要标准。因此,在成藏元素及元素间动态联系结构特点的研究中,突出输导体系这一关键要素的研究,才能使成藏体系理论在实践中有效地指导油气勘探。

输导体系是指油气从烃源岩到圈闭过程中所经历的所有路径网,包括连通砂体、断层、不整合面及其组合。其中,高渗砂体和不整合面是油气侧向运移的主要通道,断裂则是油气垂向运移的主要通道。根据油气运移主干道的不同,输导体系可分为断层型、输导层型、裂隙型及不整合型 4 种类型。在某一地区中,输导体系并非为单一类型,而是多种类型的组合。

第一节 断层特征与油气输导

断层及与之相关的裂缝是油气运移聚集最主要的输导体系和封堵因素。在断陷盆地,生长断层及其伴生裂缝对油气的运移和聚集有着非常重要的意义。受区域构造运动的影响,埕岛地区发育了东西向、北东向和近南北向 3 组基底断裂,东西走向的断层主要为埕北、桩南断层,它们和近南北走向的长堤断层、北东走向的埕东断层作用共同控制了桩西北部滩海地区地质结构的发育及展布。这些大的一级断层往往与油源相接,对该区的油气运移起到了决定性的作用。埕岛地区的构造演化受长堤断裂、埕北断裂、埕东断裂及埕北 30 断裂共同制约,3 组断层各成体系,基本不相互切割,断层多为同生断层,控制了新生界的沉积与成藏。另一类为新生界内部的次级小断层,其往往将储盖组合较好的圈闭与骨架砂体相接,对该区的油气运移也起到了重要作用,定义为二级断层。

一、断层活动性分析

断层不仅控制断陷盆地的形成与构造格局,也控制凹陷的沉积和发育,而且影响绝大多数圈闭的形成与发展,因此在一定程度上决定了油气的运移、聚集、保存等条件。准确分析、认识断层活动的时间和强度对油气勘探具有重要的意义。目前人们主要采用断层生长指数、断层落差、断层活动速率 3 类参数表示断层的活动性。

1. 断层活动性定量分析的方法讨论

1) 断层生长指数

断层生长指数(GI)为上盘厚度与下盘厚度之比,即:断层生长指数＝上盘厚度/下盘厚度。当断层生长指数 $GI＝1$ 时,说明断层两盘厚度相等,断层不活动;当断层生长指数 $GI＞1$ 时,说明上盘厚度大于下盘厚度,断层活动,而且是正断层;当断层生长指数 $GI＜1$ 时,说明上盘厚度小于下盘厚度,断层活动,而且是逆断层。正断层生长指数越大或逆断层生长指数越小,表示断层活动越强烈。

断层生长指数在表现断层的活动性方面存在以下不足:

(1) 生长指数在研究盆地边界断层时往往难以奏效。盆地边界断层通常是控制盆地形成和演化的主要断层,其下盘往往为隆起区,是向盆地提供物源的剥蚀区,因此就某一地质时期而言,其上盘接受沉积,而下盘则遭受剥蚀,沉积厚度为零,计算出的断层生长指数为无穷大,无法体现盆地边界断层的活动性。

(2) 断层两盘地层的沉积厚度是盆地沉降因素与断层活动因素叠加的结果,盆地沉降幅度严重影响着断层的生长指数。当盆地大幅度沉降形成巨厚的沉积时,计算出的断层生长指数往往会弱化断层的活动强度;反之,当盆地沉降幅度很小时,形成的沉积物很薄,即便是断层活动很弱,也能计算出很大的断层生长指数,造成断层活动强烈的假象。

2) 断层落差

断层落差(D)是指在垂直于断层走向的剖面上两盘相当层之间的铅直距离,也称铅直断层滑距,它能反映断层两盘差异升降的幅度。

就同沉积断层而言,断层的落差实际上是两盘的下降幅度差,可以用两盘地层的厚度差表示为:

$$断层落差(D)＝上盘沉积厚度(H)－下盘沉积厚度(h)$$

就边界正断层而言,上盘沉降接受沉积,下盘抬升遭受剥蚀,因此某一地质时期的断层落差应表示为:

$$断层落差(D)＝上盘沉积厚度＋下盘剥蚀厚度$$

逆断层与正断层相反,其上盘抬升遭受剥蚀,下盘沉降接受沉积,其断层落差表现为负值:

$$断层落差(D) = -上盘剥蚀厚度 - 下盘沉积厚度$$

与断层生长指数相比,用断层落差来反映断层的活动性具有不受上升盘是否存在地层缺失的限制、不受盆地整体沉降幅度的影响、能清晰反映断层的活动性质等方面的优点;其不足在于没有体现出地质时间的概念,所反映的仅仅是某一地质时期断层两盘升降的总体差异,由于各地质时期的划分不是等时间单元划分,因而断层落差不能很好地体现断层在时间轴上的强弱变化。

3）断层活动速率

断层活动速率(v_f)为某一地质时期内的断层落差与时间跨度的比值。该参数既保留了断层落差的优点,又弥补了由于缺少地质时间概念所带来的不足,能够更好地反映断层的活动特点。

鉴于断层活动对两盘地层所造成的沉积、剥蚀作用的差异性,针对不同类型的断层,确定了不同的计算方法。

（1）同沉积正断层：

$$断层活动速率(v_f) = \frac{上盘沉积厚度 - 下盘沉积厚度}{时间} \quad (v_f > 0)$$

（2）边界正断层：

$$断层活动速率(v_f) = \frac{上盘沉积厚度 + 下盘剥蚀厚度}{时间} \quad (v_f > 0)$$

（3）逆断层：

$$断层活动速率(v_f) = \frac{-上盘剥蚀厚度 - 下盘沉积厚度}{时间} \quad (v_f < 0)$$

当断层发生构造反转,由逆断层转变为正断层时,v_f的值则表现为由负值到正值的转变。

2. 泥岩涂抹长度定量计算及应用

在油气勘探开发过程中,断层封闭性的研究起到越来越重要的作用,特别是在断块油气田中断层封闭性直接影响油气的运移聚集。关于断层封闭性的研究已有半个多世纪,且研究方法较多,如三维地震断层切片法、断面剖面分析法、Allan 图示法、模糊综合评判法等。这些方法是基于断层两侧岩石直接接触,以及断层带和断层面不起封堵作用的基础上提出的,而实际上断层是一个地质体,断裂带和断层面可以起到封闭作用。自泥岩涂抹现象提出后,断层封闭性研究进入定量研究阶段。但是,关于泥岩涂抹的计算方法在油田实际应用过程中存在较多问题,不能很好地用以评价断层封闭性。下面对泥岩产生涂抹带的条件和有效性进行分析,对泥岩涂抹定量计算方法进行改进。

1）泥岩涂抹

泥岩涂抹现象最早是在 1966 年由 Smith 提出的,是指被断的岩层和岩体沿断面发生明显的位移时在断层面上形成了泥岩条带,涂抹条带物性差,封闭性能好,可以起到遮挡油气的作用。由于泥岩涂抹是泥岩层泥化并进入断层带而形成的,因此泥岩涂抹只能存在于泥岩位移经过的断层部分,涂抹带的形成主要取决于被断地层中的泥质岩层的数量和厚度。由于单套泥岩层厚度是有限的,在断距范围内不能产生连续的涂抹带,因此单套泥岩涂抹带长度是一定的。泥岩涂抹的连续性已被国内外许多学者通过野外观察和实验模拟等手段所证实。

2)泥岩涂抹长度

吕延防等通过实验模拟了断层活动过程中的泥岩涂抹现象,发现断层活动过程中可以形成泥岩涂抹,但涂抹条带空间分布并不是连续的,而是沿地层被错动的方向,涂抹层由厚变薄,并且在断裂带中涂抹层被拖动越远越薄,其末端分布有拖拽后留下的透镜状泥岩涂抹残体。吕延防等认为在断层活动初期泥岩连续涂抹,随着断距的增大,涂抹条带拉断后对以后地层不产生涂抹作用。国外许多学者也提出单套泥岩的连续涂抹问题,认为一定厚度泥岩产生的涂抹长度是一定的。特别是对于我国东部断陷盆地来说,断层断距较大,泥岩层厚度相对较薄,泥岩很难在断距范围内形成连续的涂抹,因此在进行断层封闭性计算时泥岩涂抹长度的计算显得尤为重要。

3)泥岩涂抹长度计算

泥岩涂抹长度是指一定厚度的泥岩层能够形成连续涂抹带的最大长度。吕延防等通过模拟实验发现,泥岩涂抹长度与泥岩层厚度成指数关系。由于物理模拟实验条件与实际地层具有很大的差别,该关系很难应用到实际中。Lindsay 等对泥岩的连续涂抹问题进行了研究,并提出了利用泥岩涂抹因子(F_{ss})来计算泥岩涂抹的连续性。F_{ss}值为单层泥岩在一定的断距下的连续涂抹厚度,其计算公式为:

$$F_{ss} = D / \sum_{i=1}^{n} Z_i \tag{5-1}$$

式中 D——断层断距,m;

Z——第 i 层泥岩层厚度,m。

在断层断距足够大时,泥岩的 F_{ss} 值是一定的,可以将式(5-1)中的断层断距变形为涂抹长度,得出泥岩涂抹长度与泥岩层厚度的关系,即

$$L = F_{ss} Z \tag{5-2}$$

式中 L——泥岩涂抹长度,m。

因此在断距一定时,泥岩的涂抹长度主要与泥岩层的厚度有关。Lindsay 等统计了80 多个断层的 F_{ss} 值认为,只有在泥岩涂抹因子 $F_{ss} < 7$ 时泥岩的涂抹才连续,即 $F_{ss} = 7$ 是泥岩在某点能够产生涂抹的临界值;$F_{ss} > 7$ 时涂抹条带会被拉断,对中间地层将不起作用。也就是说,盆地内单套泥岩的涂抹长度是泥岩层厚度的 7 倍,泥岩涂抹长度计算公式简化成:

$$L = 7Z \tag{5-3}$$

4)断层封闭性计算

目前关于泥岩涂抹的研究方法主要包括 Bouvier 等提出的泥岩涂抹势(P_{cs})和

Yielding 等提出的断层泥比率(R_{SG})。这些计算方法只是考虑了断层断距与断距内泥岩层总厚度的关系,没有考虑到泥岩涂抹长度的问题,计算结果不能真实反映断层的封闭性,因此在实际应用过程中发现了许多问题,如不能将有油井段与无油井段进行区分,也不能与含油饱和度很好地吻合,特别是在东部断陷盆地的问题更大。

如图 5-1 所示,在进行 A 点断层封闭性计算时,按照前人的研究方法,该点断层封闭性为断距内泥岩总厚度和与断距比值,即

$$R_{SG} = \frac{Z_1 + Z_2 + Z_3}{D} \times 100 \tag{5-4}$$

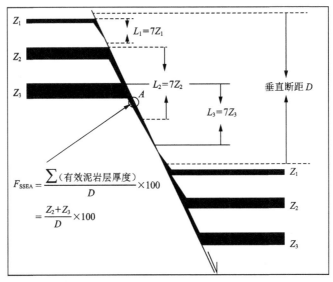

图 5-1   断层泥岩涂抹计算示意图

通过前文关于单套泥岩涂抹长度研究认为,泥岩涂抹长度是有限的,3 套泥岩并不是均对 A 点产生涂抹作用。通过计算发现,厚度分别为 Z_1,Z_2 和 Z_3 的 3 套泥岩的涂抹长度分别为:$L_1 = 7Z_1$,$L_2 = 7Z_2$,$L_3 = 7Z_3$,其中只有厚度为 Z_2 和 Z_3 的 2 套泥岩层可以在 A 点产生涂抹,而厚度为 Z_1 的泥岩层对 A 点不产生涂抹作用,因此在进行 A 点断层泥岩涂抹计算时,泥岩层厚度应为 $Z_2 + Z_3$。在进行某点断层泥岩涂抹计算时,不能利用断距范围内所有泥岩层厚度,应首先进行泥岩涂抹长度的分析,确定有效泥岩层,利用有效泥岩层厚度进行计算,得出断层的有效泥岩涂抹值(F_{SSEA})。计算公式为:

$$F_{SSEA} = \frac{\sum(\text{有效泥岩层厚度})}{D} \times 100 \tag{5-5}$$

应用上述计算方法,对济阳坳陷 7 个油田 60 多个断块油气藏几十条断层的封闭性进行计算,首先是利用式(5-3)进行泥岩涂抹长度的计算,确定有效泥岩层,然后利用式(5-5)进行断层泥岩涂抹值的计算。计算结果表明,油气层处断层的泥岩涂抹值均大于5,因此认为断层封闭的泥岩涂抹界限值为5,即对济阳坳陷来说 $F_{SSEA} > 5$ 时断层封闭,可以形成油气藏;$F_{SSEA} < 5$ 时断层不封闭,主要起输导作用。

二、主要断层活动性分析

埩北 20 古断层主要活动期为中生代,断层活动停止期早,对油气运聚作用较小;埩北断层和埩北 30 断层在新生代持续活动,是本区重要的油源断层。这些断层现今都表现出张性断层特征,下面对主要断层活动性进行阐述。

1. 埩北断层

埩北断层为控制埩北凹陷的边界断层,断裂带从埩北低凸起西北端至东南部延伸约 60 km,走向北西 310°～330°,倾角 40°～45°,倾向南西,断面呈铲状,新生界落差最大达 2 000 m。该断层开始活动于中生代末期,前新生代该断层落差大于 2 000 m,断开了古近系、中生界、古生界,切入太古界,古近纪早期及晚期有 2 次强烈活动,随后活动减弱,且有分期、分段活动的特点(图 5-1、图 5-2)。东营组底构造落差 650 m,馆陶组顶面构造落差约 80 m,至明化镇组沉积时期,构造运动又呈短暂活跃,其后活动基本停止。古近纪时在扭张作用力下形成了由 3 条以上的分支断层构成的断裂带,呈雁行式排列。由于它们的活动,在断层下降盘不仅形成和发育了一系列伴生构造,而且对断层上升盘的构造形态也产生了一定的影响,控制了埩岛潜山披覆构造主体及埩北凹陷古近系的发育。由于该断层长期活动,沟通下部生油层与上部各层系储集层,成为油气运移的良好通道。

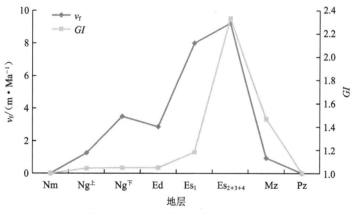

图 5-2　埩北断层中西段活动性分析

埩北断层西段为埩岛潜山与埩北凹陷分隔的边界断层,向西北方向延伸,东南方向切割埩北 20 古断层,与埩岛南近东西向断层汇合。该断层埩北 24 井以西断面平直,切割前新生界较清晰,控制新生界沉积明显。埩北 24 井至埩北 20 古断层交汇段,新生界清晰,前新生界呈陡坡状,地层不明显,新生界呈上倾超覆状态,前新生界在断层上、下盘保存情况和厚度基本一致,该断层可能发生于燕山运动中、晚期。

埩北断层中段为埩岛潜山、埩北 30 潜山与桩西分隔的边界断层,走向近东向。早期研究认为,该断层是埕北西断层向东延伸的部分;根据连片三维追踪解释结果知,它们应是 2 条不同时期发生的不同性质的断层。埕岛南断层实际上是在太古界顶面附近的一个大的拆离滑动面之上的地层中出现的一组阶状断裂面组成的断裂破碎带。在古生界由 1 条主要断层贯通东西,并与埕岛西和埕北 31 断层连接。中生界,东西段断层延伸中部各自错开,东部呈右行斜列式。部分阶状断层控制了古近系沉积,并活动到新近系,在馆陶组—明化镇组产生一系列北倾的"Y"字形断层,具负花状构造性质。

埕北断层东段北东走向,呈"S"状,古生界,西南部与埕岛南断层相接,中生界西南段向老 30 井方向延伸并与桩古 29 逆断层交汇。该断层东段控制了桩东西次洼新生界沉积。古近系向东倾斜,呈陡坡状,新近系呈上超状,具有扭动挤压特征。

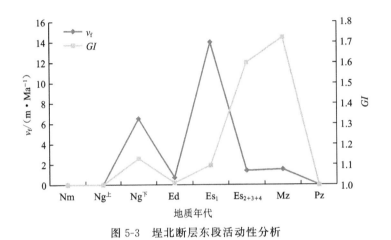

图 5-3 埕北断层东段活动性分析

2. 埕北 30 断层

埕北 30 断层包括埕北 30 北断层和埕北 30 南断层(图 5-4、图 5-5)。埕北 30 南断层走向北东东,为渤南凸起与桩东凹陷的分界断层,向西延伸至埕岛主体南与埕北断层交会,向东至渤南凸起主体,具有雁行排列特征。南断层断面东倾,北断层断面西倾,将埕北

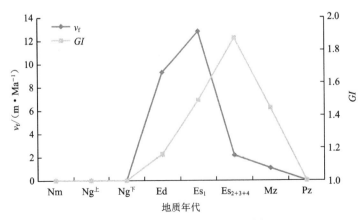

图 5-4 埕北 30 南断层活动性分析

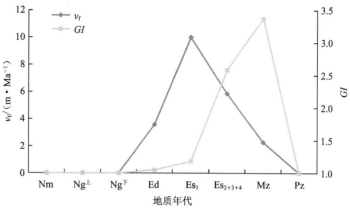

图 5-5　埕北 30 北断层活动性分析

30 块夹持在其间,形成潜山地垒构造;该断层落差大,最大达数千米,区内分支长 18 km,断面倾角 30°～40°,呈铲状,活动始于中生代末期,结束于明化镇组沉积时期,主要切割新生界。埕北 30 北断层走向北东,为渤中凹陷南部斜坡带纵切拖曳断层。

3. 埕北 20 古断层

埕北 20 古断层为北北西向断裂,主要分布在埕岛油田中部,是一条近南北走向、西倾的潜山基底正断层,倾角 70°左右,向北可追至胜海区边缘,且落差增大;向南与南部断层相交,并与桩西构造西界断层相交,将潜山分为东、西 2 部分,东部潜山核部出露太古界,西部则发育巨厚的中生界。该断层两侧落差较大,古生界最大可达 3 000 余米,上升盘中、古生界强烈剥蚀,下降盘中生界保存完好(2 000～2 500 m)。埕北 20 古断层在中生代末期停止活动。

4. 长堤断层

长堤断层总体上呈"S"状,中段近南北走向,北至桩海古 1 井,转向北东方向延伸,南至桩 3 井,转向西南方向延伸(图 5-6)。该断层在桩 182 井—桩 6 井一带显示为长堤地层向北西方向逆掩于桩西东部,前新生界顶呈剥蚀斜坡状,新生界自西向东超覆其上。桩 6 井—桩 16 井一带断层切割新老地层明显,并控制了新生界沉积,断层下盘有较厚的孔店组—沙四段。桩 16 井以南前新生界在断层线部位显示为陡坡状,断层线附近的新生界出现扭动、揉皱现象。桩海 2 井以北,断层在前新生界有先逆后正迹象,并有火山岩体穿插其中,断层组合较复杂。该断层的发育经历了反转过程,在 J_{1+2} 时期由逆断层转化为正断层,T_3 时期为逆断层发育高峰期,J_3＋K—Es_2 时期为正断层发育阶段,Es_4 时期达到高峰期,Es_3 时期开始减弱,直至 Es_2 时期停滞。总体表现为北段活动性比南段强。

通过上述主要油源断层活动性分析(图 5-7)可知,埕北断层在馆陶组沉积时期具有较强的活动性,而各凹陷(洼陷)烃源岩的主要排烃时期也为馆陶组沉积时期,这种耦合为埕岛地区的油气纵向输导提供了有效的通道。

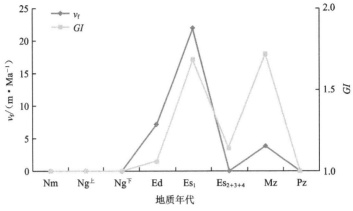

图 5-6　长堤断层活动性分析

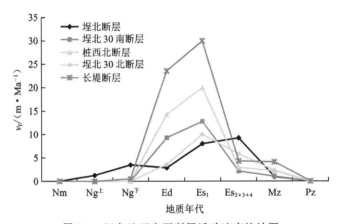

图 5-7　埕岛地区主要断层活动速率统计图

三、断层形态和组合类型

研究区的断层剖面形态主要表现为铲式和板式2种(图5-8)。铲式断层是规模较大断层的特征,也是同沉积断层具有一定发育程度的表现。本区的亚一级和二级断层均具有铲式形态,埕北断层断裂面呈上陡下缓的曲面形态,属典型的铲式正断层。板式断层是小规模断层的特征,也是同沉积断层发育初期的形态。本区四级和部分二级断层是板式形态。平面上,断层主要表现为直线形和弧形、波状、弯曲形等形态。埕北断层由北往南逐渐由弧形向波状、弯曲形过渡,出现坡坪式断层,说明埕北断层各段力学性质有所差别。

从断层平面组合类型来看主要有平行式、雁列式、斜交式等。埕北断层表现为雁列式断层,说明埕北断层与剪切构造应力有关;披覆背斜主体北东向次级断层表现为平行式断层,说明断层活动具有规模性,断层性质相同;埕北断层还与一系列东西向次级断层相交,形成斜交式断层。

由于该区近邻郯庐断裂带,新构造运动(渤海运动)的影响导致中浅层发育了很多次级断裂,这些断裂主要发育于馆陶组—东营组内部,少数断至沙二—沙一段。这一方面形

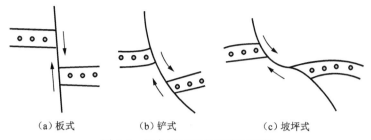

（a）板式　　　　　（b）铲式　　　　　（c）坡坪式

图 5-8　埕岛地区正断层剖面形态

成了大量中浅层圈闭,另一方面将中浅层各构造单元内的圈闭与横向连通好的输导层相连,起到输导油气、促使油气再分配的作用。通过活动性分析,这些断裂的活动时期为馆陶组沉积末期—明化镇组沉积时期,与油气的运移有着良好的配置时间。一级断裂与二级断裂的组合往往决定了油气的主要输导方向、能力及最终的聚集层位,依据剖面组合特征,可将其分为以下几种:

1）"Y"型组合

"Y"型组合表现为一级断裂与多条二级断裂相向组合,且一级断裂与二级断裂、二级断裂与二级断裂之间相互交错(图 5-9)。这类断裂组合有利于油气的纵向输导,且易形成滚动背斜圈闭,因此其是寻找浅层构造、构造岩性油藏的有利部位。

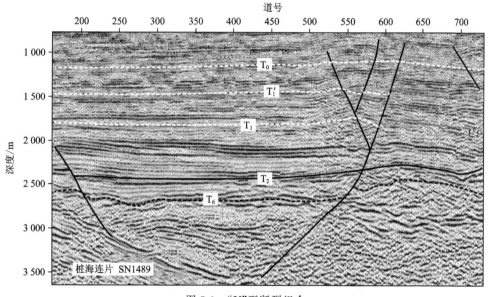

图 5-9　"Y"型断裂组合

2）并列型组合

该组合类型以一级断裂与二级断裂同向并列不相交为特征(图 5-10)。由于断裂不相交,油气的输导需要通过横向输导砂体连接,而在油气幕式充注的过程中,油气往往向横向仓储层中暂时聚集,因而这类组合中二级断裂附近的圈闭也是有利的油气聚集区。

此外,油气横向输导过程中的微幅圈闭均可为油气聚集区。

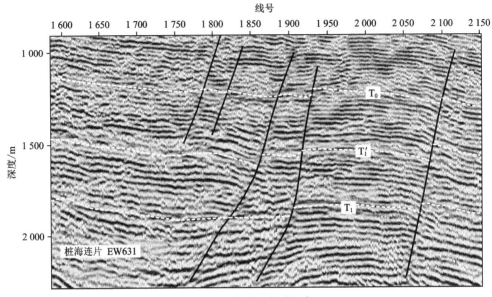

图 5-10　并列型断裂组合

3）台阶型组合

该类组合以缺少二级断裂为特征,1 条、2 条油源断裂独立或并行存在。埕岛地区西部断裂即为该类组合(图 5-11),因此该地区油气通过一级断裂向上输导后,主要通过横向输导层进行运移。

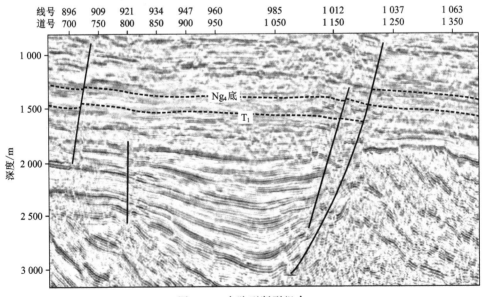

图 5-11　台阶型断裂组合

上倾尖灭圈闭等均受控制断裂坡折带的断层控制,这类断层也属于控圈断层。

埕北断裂带在构造演化过程中经历了不同的形变过程,形成了多种圈闭类型,它们在纵、横向上有规律地展布,构成了该带圈闭系列沿边界断层走向成带状展布的特点。埕北断裂带发育的圈闭特征明显受埕北断层活动性控制。埕北断层的下降盘为埕北凹陷,该断层长期继承性活动,直到明化镇组沉积后期才基本停止活动。在不同时期,平面上不同层段的活动性也有一定的差异。埕北断层的活动形成了上、下盘各具特色的圈闭条件,其上升盘是以下部具有多层结构的潜山而上部以披覆构造为主的圈闭组合序列;而下降盘主要以由断层作用形成的一系列伴生构造为特点,这些伴生构造的形态、规模受控于断层不同时期、不同层段活动强度、活动持续时间以及古地形条件。正是这些因素形成了古近系以断鼻、断块为主的圈闭类型,沿断层上、下盘平行断层走向展布。

4. 遮挡断层

遮挡断层是指阻止油气继续运移并使之聚集成藏的断层。这类断层通常是断层遮挡圈闭的遮挡断层,具有良好的封闭性,位于圈闭的上倾方向,与周边其他封堵条件一起构成断层遮挡圈闭。桩海地区馆陶组出油井大多分布于受控断层的上升盘,Ⅴ砂层组以下的储层通过断层对应的是下降盘较新的层段,泥岩含量相对减少,封堵有利,而下降盘的储层对应的是上升盘大套的块砂,封堵不利,如果断层能活动到Ⅴ砂层组以上,则下降盘的储层有可能成藏。

5. 改向断层

改向断层是指位于油气运移的路径上、其展布与油气运移方向斜交或垂直的断层,其作用是使油气运移的方向发生改变。这类断层既可以是封闭的,也可以是开启的。无论是开启的还是封闭的,这类断层均会改变从下倾方向来的油气的运移方向。改向断层的存在改变了油气运移的走势,使位于其上倾方向的圈闭具有巨大的勘探风险。

6. 破坏断层

对已经形成的油气藏产生破坏作用的断层称为破坏断层。它既可以是油气藏形成以后因构造运动新产生的切割油气藏的断层,也可以是原来的、因其封闭性变差而导致油气藏中油气泄漏流失的遮挡断层。这类断层有2个特点:一是开启的,二是作用于油气藏形成之后。

油气运移的另一重要通道是断层,埕岛地区发育3条大的油源断层,即埕北30南断层、埕北30北断层及埕北断层。但断层是作为油气侧向封堵层还是作为油气运移通道,是一个非常复杂的问题。油气沿断层运移的基本方式有沿断面和穿断面2种。油气穿断面运移简单,只要断层两盘渗透性储层相对接即可发生。油气沿断面向上运移较复杂且非常重要,关键是沿断面的突破压力与地层流体压力分布之间的关系。如果沿断面突破压力小于该处流体剩余压力,则形成圈闭,含油高度由二者压力差决定,当含油高度大于压力差造成的有效圈闭含油高度时,运移到圈闭中的油气沿断面继续向上运移,该圈闭含油高度保持不变。断面各段的突破压力与地层剩余压力不同,其圈闭的有效含油高度也不同,这也是断块油藏多层含油且存在多套油水系统的基本模型。断层的突破压力由断层活动强度与发育史、断层两侧相接的岩性决定。显然断层活动强时,沿断面的突破压力降低,封闭能力变差,而断层两盘大套泥岩相接时,不仅穿断面不能运移,且沿断面突破压力也大。因此,断层不同时期的活动、不同区段活动程度的差别造成不同层系、不同区带含油丰度差别。例如,同位于埕北断层下降盘的胜海 5、埕北 21 两断鼻构造圈闭,相比之下胜海 5 处埕北断层、二台阶断层比埕北 21 处断层后期活动强得多,断距前者 500 m,后者 50 m,因而埕北 21 断鼻东营组 III_2 砂层组成藏富集,而胜海 5 断鼻东营组 I — III_2 砂层组虽有好的储盖组合,但未成藏。

7. 调整断层

调整断层是指破坏已形成油气藏并为新油气藏的形成提供运移通道的断层。这类断层一方面破坏已经形成的油气藏,同时又为新油气藏的形成输送油气,即使原来油气藏中的油气进行重新调整和分配。这类断层活动于成藏晚期或后期,往往破坏下部的原生油气藏,而在上部断层附近的圈闭中形成次生油气藏。

8. 桥梁断层

桥梁断层是指连接不整合面或(和)输导层等运移通道,输导油气通过不同类型运移通道进行长距离、多路段运移的断层,起连通不同类型运移通道的"桥梁"作用。大量晚期断层与早期控凹断层相接构成了油气向浅层运移的良好通道(图 5-13)。这类断层位于

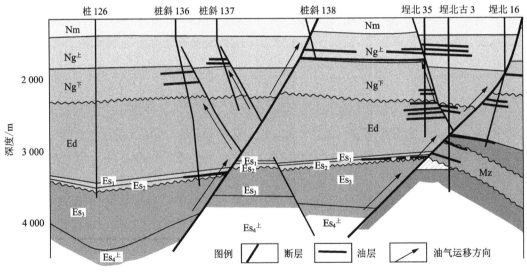

图 5-13　桩 126 井—埕北 16 井南北向油藏剖面图

油气运移的路径上,其展布与油气运移方向斜交或垂直的断层,其作用是使油气运移的方向发生改变。这类断层既可以是封闭的,也可以是开启的。无论是开启还是封闭,这类断层均会改变从下倾方向来的油气的运移方向。这类断层的存在改变了油气运移的走势,使位于其上倾方向的圈闭具有巨大的勘探风险。

实际上,一条控藏断层同时期或不同时期或不同段可能具有多种控藏作用,如一条控圈断层往往又是油源断层;一条遮挡断层对其另一盘的圈闭又是调整断层,在另一个时期又变成破坏断层。因此,在讨论断层控藏类型及其控制作用时一定要有针对性,即针对哪个圈闭,在哪个时期而论。

第二节　高渗砂体输导体系

高渗砂体是油气侧向运移的主要通道之一,其对油气的输导效率主要取决于砂体的空间叠置关系、平面分布和砂体本身的孔渗等物性差异。地下油气运移方向明显受石油运移时所通过岩石的水平渗透率控制,骨架砂体的孔隙是油气二次运移的基本通道,如河道骨架砂体、三角洲骨架砂体等,正是由于骨架砂体具有孔隙空间,烃类才能从烃源岩进入骨架砂体,然后沿骨架砂体输导体系向低势区圈闭运移聚集。

埕岛地区沙一段沉积时期主要为断陷湖盆沉积环境,发育冲积扇、近岸水下扇、扇三角洲砂体。沙四段—沙二段冲积扇砂体主要沿断层下降盘呈裙边式展布,扇三角洲砂体则分布在缓坡带,沙一段—东营组扇体分布范围较广。东营组沉积晚期发育区域分布的曲流河相砂体。各类扇体常与烃源岩接触,油气从烃源岩中排出直接进入砂体并沿相对高孔渗带有规律地运移,被周围泥岩遮挡形成岩性油气藏,或与断层形成良好的砂体—断层—砂体的有机配置,构成有利的输导系统。位于埕北断层下降盘的埕北24、胜海5、胜海7等井在沙河街组、东营组砂岩中均见到良好的油气显示,从侧面证明渗透性岩层为有利的油气运移通道(图5-14)。

埕岛地区馆陶组下段属于河流相沉积,厚度为337.6~628.0 m,主要为冲积扇、辫状河相含砾砂岩、砾状砂岩夹薄层泥岩,呈毯状分布,具有下粗上细正韵律,相互叠置的砂砾岩连通性好,分布范围广,横向连通性好。埕岛地区馆陶组下段和上段的底部平均单层厚度为5~70 m,平均孔隙度为30%~35%,平均渗透率为(1 500~3 000)×10^{-3} μm^2,储层物性较好,而且具有较好的连续性,容积大,是重要的油气输导层(图5-15)。在埕岛地区钻穿馆陶组的184口探井中共有153口井在馆陶组下段见到了油气显示或钻遇含油水层,但仅有24口井钻遇了油气藏,证明埕岛地区馆陶组下段曾经是油气运移的输导层。

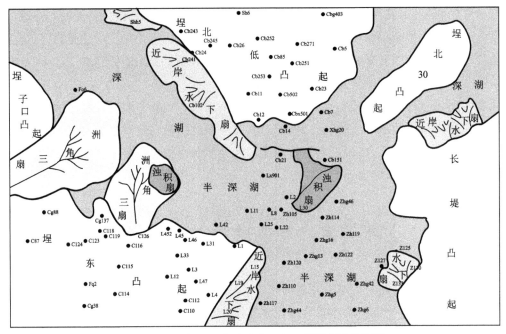

图 5-14　埕岛地区古近系沙三中亚段层序沉积相图

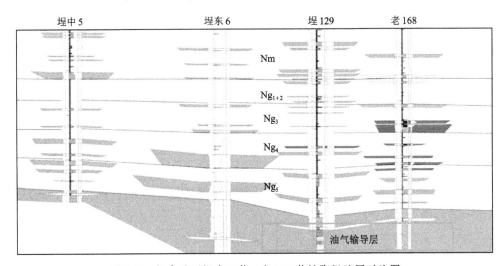

图 5-15　埕岛地区埕中 5 井—老 168 井馆陶组地层对比图

第三节　不整合面输导体系

济阳坳陷是一个典型的新生代断-拗复合盆地,第三纪构造活动频繁,形成了多个规模不等的地层不整合。在第三系内共发现了 12 个相对比较明显的不整合构造,其中一级不整合 2 个(第三系/前第三系、古近系/新近系),二级不整合 4 个(孔店组/沙河街组、沙四段/沙三段、沙二下亚段/沙二上亚段、馆陶组/明化镇组),三级不整合 6 个(孔店组内部、沙河街组内部、沙河街组/东营组)。

　　大量不整合取芯井岩芯观察结果表明,济阳坳陷地层不整合可划分为三层结构或二层结构。三层结构为风化黏土层、半风化岩石和未风化岩石;二层结构为半风化岩石和未风化岩石。济阳坳陷的不整合以二层结构为主,只有少数几口第三系/前第三系不整合面取芯井发育三层结构。

　　济阳坳陷不整合的风化层一般包括铝土质泥岩、红色泥岩和杂色泥岩,厚度一般约为1 m,黏土层中风化母岩原生构造、层理完全消失,岩石致密、性软,遇水膨胀。而半风化岩石部分受到风化淋滤,岩石风化特征明显,裂缝、溶孔、网膜状构造及裂缝充填构造发育,其中碳酸盐岩、火山岩、变质岩特征更为明显,裂缝相互交集成网状,铁、锰氧化物和赫土矿物沿裂缝壁成薄膜状充填,与构造裂缝方解石充填特征相区别。

　　岩石抬升到地表后,由于环境的变化而处于新的不稳定状态,这时岩石会逐渐受到物理、化学、生物风化作用而向更为稳定的状态转化。由于岩石中不同矿物、不同元素抵抗风化的能力不同,且不同的风化壳岩石受到的风化强度也有差别,因此不同的不整合结构层必然呈现不同的特征。

　　不整合面是油气侧向运移的重要通道。地层不整合面代表着地层曾经历过区域性的风化剥蚀作用,因此往往可形成区域性稳定分布的高孔高渗古风化壳或古岩溶带,这对油气长距离运移或形成大油气田非常有利。埕岛地区不仅具有多旋回沉积性,而且形成了多次沉积间断,存在3个不整合面:中生界风化壳与古近系之间的不整合面,沙三段、沙四段与沙一段、沙二段之间的不整合面以及东营组与馆陶组之间的不整合面。这3个不整合面都向渤中凹陷和埕北凹陷的生油层倾斜延伸,为埕岛地区的油气运移提供了良好的通道,油气可以沿着这些不整合面进行长距离侧向运移,并在不整合面的有利圈闭处聚集成藏(图5-16)。

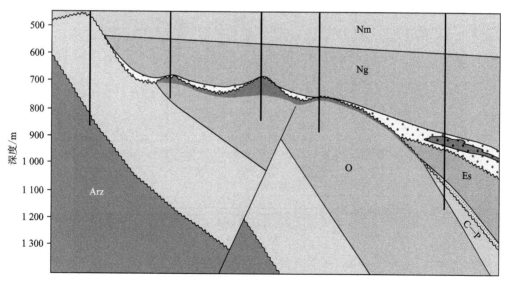

图5-16　中生界风化壳与古近系之间的不整合面输导体系

古近系与中生界之间的沉积间断对本区的影响很大,造成构造顶部沙河街组和东营组下段沉积缺失。湖相碎屑岩剖面中,不整合面上下储层变化快,油气难以长距离运移,此时的不整合面不是主要运移通道,而是地层不整合等油藏形成的有利地带。但若不整合面以下为下古生界则不同,下古生界在剥蚀淋滤作用下易形成区域性渗透层,是油气运移的通道。埕岛地区东部斜坡带的古近系与前新生界间的不整合面为区域性不整合面,前新生界从南西向北东依次出露太古界、下古生界、上古生界、中生界,且大部分为渗透性较好的太古界、下古生界和上古生界,不整合面作为油气运移通道条件好,再加之本区东营组下部烃源岩具有生烃能力,故整体来看,该区东部的不整合面为良好的油气运移通道。新生界内部又存在多期不整合面,如新近系、古近系之间的区域性不整合面、沙二段和沙三段之间的局部不整合面都是新生界油气输导系统的重要组成部分。

第四节　输导体系类型

输导体系往往不是由单一的断层、高渗砂体或不整合面构成的,而是其中 2 种或多种要素组合而成的复杂立体网络。前人已将断陷盆地油气输导体系组合划分为阶梯型、"T"型、网毯式和裂隙型 4 种类型。

埕岛地区的构造演化特点及构造样式决定了其输导体系以网毯式和阶梯型为主,其中断裂带以阶梯型输导体系为主,潜山披覆构造主体及斜坡带以网毯式输导体系为主,洼陷带勘探程度低,推测以裂隙型输导体系为主(图 5-17)。

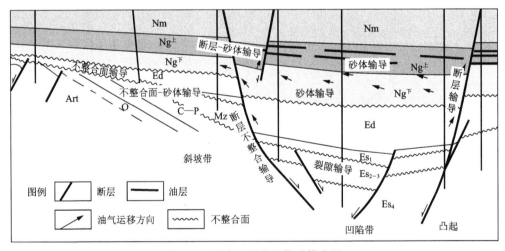

图 5-17　埕岛地区输导体系模式图

在埕岛地区,由断层-砂体(不整合面)构成的输导体系非常普遍,即以主断层和台阶断层为油气垂向运移通道,沟通烃源岩与浅部储层,各层系高渗砂体和多个不整合面连接其中,起横向输导作用。这种输导体系在断裂活动时发挥垂向通道作用,断裂停止活动后,断层逐渐封闭并开始起遮挡作用,此时只有高渗砂体和不整合面起侧向输导作用。由于埕岛地区主断裂在古近纪和新近纪长期继承性活动,这种输导体系成为本区最重要的一种油气运移方式。

当输导体系中断层占主导地位时,由于断层活动期具有良好的垂向输导能力,在断裂带附近常形成距烃源岩时空跨度较大、多层叠置的各种构造油气藏;当断层面一侧接触的是潜山带风化壳或缝洞发育的高孔渗储集层时,油气则侧向运移,在合适的圈闭内形成潜山油气藏。这两类油气藏主要分布在埕北断裂带及埕北 30 断裂带附近。以不整合面侧向输导为主的油气藏主要位于埕北地区东北部的斜坡带上,油气通过向凹陷生油层倾斜的不整合面长距离运移,形成各种与不整合面有关的地层油气藏。以高渗砂体为主要运移通道的油气藏主要位于凹陷与凸起的结合部位,这些地区发育的各种扇体及砂坝常直接与烃源岩接触或被烃源岩包围,油气从烃源岩排出后直接进入砂体中并沿砂体翘倾方向运移,在相对高孔渗部位形成"小而肥"的岩性油气藏。

第六章
成藏动力系统划分及其特征

油气成藏动力系统是以"藏"为核心,或者说是以控油气运移指向的构造单元为核心。在纵向上,由区域性稳定分布的封隔层分隔开生、储配置,其边界剖面为油气垂向运聚边界,即区域性分布的烃岩层和盖层;在平面上,其分界线为油气运移的"分水岭"或终止边界,即继承性发育的向斜轴线或砂体高势分界线及其他封堵面,如封闭性大断层、岩性尖灭线、地层不整合及盆地边界等。油气成藏动力系统是在大的含油气系统研究基础上进一步按油气运聚动力学条件追踪油气分布规律,因此应该在含油气系统宏观研究思路基础上进行油气成藏动力学过程的系统研究,并根据成藏动力源进一步划分油气成藏动力系统。

第一节 成藏动力系统的划分

油源分析表明,埕岛地区油气主要来自埕北、渤中及桩东凹陷的沙三段、沙一段和东二+东三段生油层系。从各凹陷生、排烃史分析,排烃期始于东营组下段沉积期,高峰期为馆陶组下段沉积期末,并延续到第四纪沉积末期(图6-1)。

压力分布是划分成藏动力系统的基本参数。Hunt认为,许多沉积盆地包含2个或2个以上重叠的水文地质系统岩层。通常较浅的系统(<3 000 m)分布在整个盆地内,呈现正常的地层压力,其运移作用主要受水动力条件(流体势)控制,而较深的系统(烃类生成的主要地方,>3 000 m)则局部分布,呈现异常超压。这种系统由一系列独立的封存箱(流体密封单元)组成,封存箱相互间的液体压力不能相互转换,而且和上覆的水动力系统也不相连。目前仍在沉降的盆地内,封存箱的顶面可以是切过不同岩性、层系的致密的(不渗透)密封层,并不一定是某一地层层面。封存箱一般由碎屑岩组成,其顶部密封层似乎是沿着斜温层的碳酸盐成矿作用形成的,如北海盆地,最深的密封层顶面深度随地温梯度变化,地温梯度愈低,封闭层的位置愈深。Hunt指出,由异常压力证实,世界180个沉积盆地中存在着封存箱,其顶板和底板(顶部和底部密封带)常呈区域性平板状(有时底部

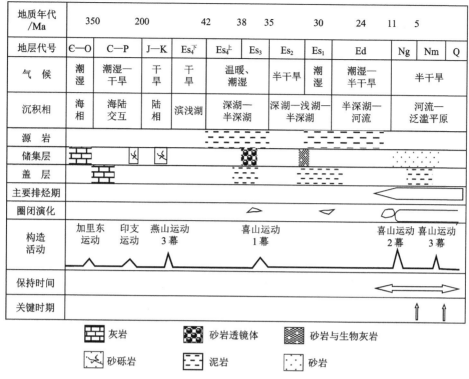

砂砾岩 ✕　　泥岩 ⋯⋯　　砂岩 ∶∵

灰岩　　　　砂岩透镜体　　　砂岩与生物灰岩

图 6-1　埕岛地区成藏条件配置关系

密封带为基底或古老岩石的侵蚀面），而边板（边部密封带）常呈垂直的板状，主要沿垂向的断裂、裂缝分布。在封存箱的内外存在压力差异。顶板、底板、边板就是致密的密封带，箱内是密闭的，它是烃类生成的主要场所。烃源岩的质量、数量和热史决定了烃类生成的数量和性质，与生油层共同沉积的孔隙层往往次生孔隙比较发育。陈发景和田世澄等根据泥岩孔隙流体压力受岩性地层单元控制、剖面上具有旋回性的特点，将两个异常高压带轴线之间的地层单元划为一个排液组合。无论是封闭层还是高压带都对油气垂向运移起封闭作用，而在封存仓或排液组合内部，油气可以进行侧向运移或垂向流体交换。因此，成藏动力系统可以按照封存仓或排液组合来划分。

　　要划分成藏动力系统，首先要识别系统的接口。在一般的砂泥岩分布地区，由于泥岩欠压实带既是产生异常高压的中心，又是限制流体流动的界面，因此只要查明泥岩欠压实引起的高压带的分布，就可以用这种接口作为划分成藏动力系统的接口。最大洪泛面是识别和划分成藏动力系统的关键接口。成藏动力子系统与层序地层学在长期旋回上耦合。从层序地层学分析，所谓成藏动力系统，实际上就是两个最大洪泛面之间所夹的一大套输导地层，是一个长期旋回。整个盆地中有几个最大洪泛面，纵向上就有几个成藏动力系统。

　　新近系 Ng_{1+2}—Ng_3 砂层组及明化镇组底部泥岩平均含量一般在 90% 以上，泥岩单层厚度为 $20\sim40$ m；Ng_3—Ng_6 砂层组泥岩平均含量在 60% 左右，泥岩最大单层厚度为 50 m，如埕北 30 井。这些泥岩段都对油气起良好的局部封盖作用。另外，馆陶组下段上部砂泥间互层中的泥岩也是较好的局部盖层,据埕北 31 井、33 井 2 口井统计,该段泥岩平均含量在 60% 左右,最大泥岩单层厚度为 40 m。

本区沙一段—东营组下部发育的质地纯、厚度大的暗色泥岩、油泥岩对东二段下部及东三段、前新生界潜山油藏的形成起着非常重要的作用,该套泥岩自披覆构造主体(埕北 11 井区)向翼部逐渐加厚,单层厚度多大于 25 m,最厚可达上百米,累积厚度从埕北 11 井区的 20 m 左右到胜海 8—胜海 801 井区的 140 m。这是埕北 11 井区中生界、胜海古 2 井区下古生界、胜海古 3 井区上古生界成藏的重要条件之一。Ed_{1+2} 砂层组单层泥岩厚多在 8~15 m 之间,最厚可达 20 m,泥岩占地层比多为 60%,可起局部分割作用,且基底断层下盘泥岩厚度较上升盘有所加大,封盖条件好(如埕北 35 井 Ed_{1+2} 砂层组泥岩厚 124.5 m)。沙三段泥岩和油泥岩在凹陷内有一定的稳定性,具有纵向上的良好分割性。

盖层是盆地中的异常流体压力封隔体。研究区油气藏形成的区域性盖层为明化镇组及馆陶组上段上部的厚层泥岩,沙三中、下亚段和沙一段—东营组下部的半深湖—深湖相暗色油泥岩为次一级区域性盖层,各层系内部发育的中厚泥岩为局部性盖层,纵向上具有良好的分割性。根据埕岛地区区域性盖层对流体运移的分隔作用和纵向上的压力分布特征,将埕岛地区划分为 3 个有效的油气成藏动力系统:下部为他源封闭-半封闭型潜山油气成藏动力系统、中部沙河街组—东营组下段为自源封闭-半封闭型油气成藏动力系统,上部东营组上段—明化镇组为他源开放型油气成藏动力系统(图 6-2)。其中,上部的东营组上段—明化镇组油气成藏动力系统以典型的网毯式运聚为主,它以东营组上段—馆陶组下段的大套砂岩为仓储层,以馆陶组上段为主要的油气聚集网,其储量占埕岛油田总储量的 90% 以上。

根据前面对埕岛地区潜山及新生界原油油源对比的结果,平面上将埕岛地区划分为 4 个主要的油气成藏动力体系,即埕北凹陷—(埕岛主体带+断裂带)成藏动力系统、渤中凹陷—(斜坡带+主体带)成藏动力系统、桩东凹陷—桩海地区东部成藏动力系统和五号桩洼陷—桩海南部动力成藏系统。

一、下部他源封闭-半封闭型潜山油气成藏动力系统

该系统以沙三段下部的异常孔隙流体压力带为上界,主要由沙三段下部与前新生界组成。沙三段下部的富烃层段是其油气源层,泥岩超压、输导层/储层处于震荡性过渡环境。在压力过渡带内部发育有效烃源岩,或烃源岩生烃潜力低于下伏或侧向超压系统,油气主要来自下部或侧向的超压环境。沙三段底部的不整合面、沙三下亚段底部所夹的碎屑层以及埕北断裂带上的断裂系统是其主要输导层;不整合面下的潜山风化壳圈闭、滚动背斜圈闭、岩性-地层圈闭为主要圈闭类型。该系统的生烃期从东营组沉积末期开始,持续时间长达 25 Ma,油气运移时间长,运移距离远,运移系统中的有利圈闭均可形成油气藏。此外,在该系统的运移聚集期内断层活动性强,成为由本系统向其他系统供油的主要垂向通道。

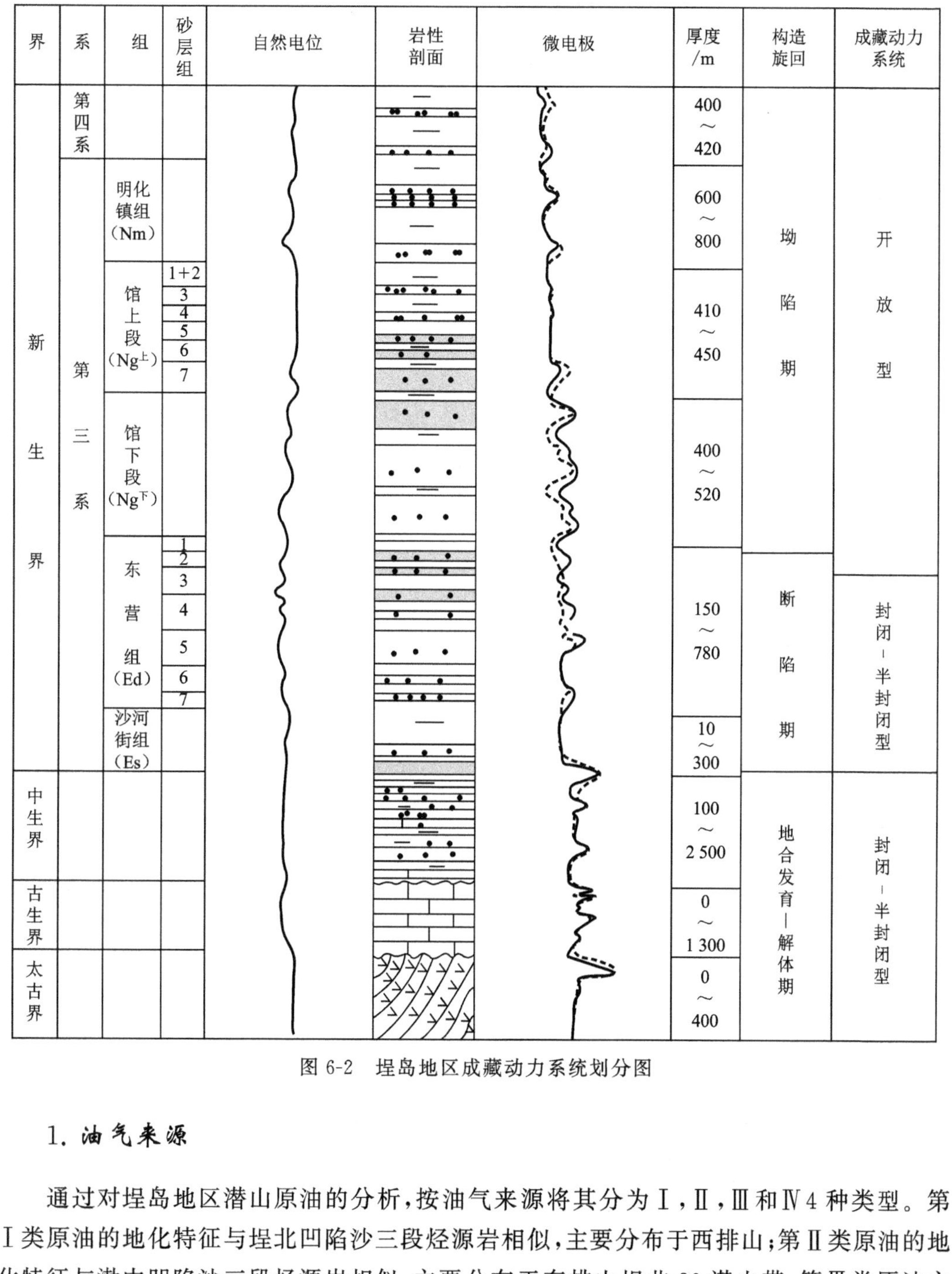

界	系	组	砂层组	自然电位	岩性剖面	微电极	厚度/m	构造旋回	成藏动力系统
新生界	第四系						400～420	坳陷期	开放型
	第三系	明化镇组（Nm）					600～800		
		馆上段（Ng上）	1+2				410～450		
			3						
			4						
			5						
			6						
			7						
		馆下段（Ng下）					400～520		
		东营组（Ed）	1				150～780	断陷期	封闭－半封闭型
			2						
			3						
			4						
			5						
			6						
			7						
		沙河街组（Es）					10～300		
中生界							100～2 500	地合发育－解体期	封闭－半封闭型
古生界							0～1 300		
太古界							0～400		

图 6-2　埕岛地区成藏动力系统划分图

1. 油气来源

通过对埕岛地区潜山原油的分析,按油气来源将其分为Ⅰ,Ⅱ,Ⅲ和Ⅳ 4 种类型。第Ⅰ类原油的地化特征与埕北凹陷沙三段烃源岩相似,主要分布于西排山;第Ⅱ类原油的地化特征与渤中凹陷沙三段烃源岩相似,主要分布于东排山埕北 30 潜山带;第Ⅲ类原油主要来源于桩东凹陷沙三段烃源岩,主要分布于桩海地区东北部的潜山;第Ⅳ类原油主要来源于五号桩洼陷沙三下亚段烃源岩,分布于桩海地区中部的潜山。

根据源-藏空间的对应关系,油气具有明显的分区性。以埕北 20 古断层为界,西部潜山原油来源于埕北凹陷烃源岩,东部潜山原油来源于渤中凹陷烃源岩。桩海地区东北部的潜山地层及埕北 30 潜山构造带西南部油藏的原油主要来源于桩东凹陷沙三段提供的成熟—高成熟原油;桩海地区中部潜山油藏的原油主要来源于五号桩洼陷沙三段烃源岩。

2. 油气分布特点

从目前资料分析,该系统内的油气分布具有以下特点:

1) 含油高度大

该区被埕北、桩东、渤中、五号桩等生油凹陷所包围,油源条件十分优越。埕北 30 潜山含油底界约为 4 360 m,桩海 10 井 4 780 m 为控制储量计算含油边界,桩西潜山含油底界深达 5 007 m,表明该区潜山含油高度较大。

2) 油藏类型丰富

受控于地层、储层发育状况及油气运移条件,埕岛地区古潜山油藏包括风化壳和潜山内幕 2 种油藏类型(图 6-3,图 6-4)。埕北 30 潜山带北部及埕北 20 潜山带南部下古生界残留薄,与太古界相互连通,构成统一的储集系统,多表现为风化壳型油藏。埕北 20 潜山

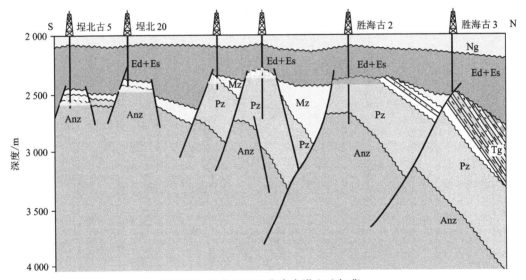

图 6-3　埕岛地区风化壳古潜山油气藏

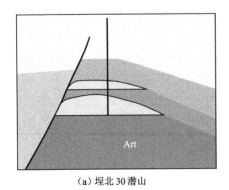

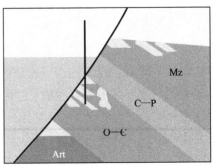

（a）埕北 30 潜山　　　　　（b）埕北 244 潜山

图 6-4　埕岛地区潜山内幕油气藏

带北部以区域性不整合面为油气运移通道,形成风化壳型油藏。桩海地区下古生界较厚,一般在 600 m 以上,该区主要以断层为油气运移通道,埋深在烃源岩以上的储层均有成藏的可能性,以形成不整合面型和内幕型层状油藏为主。

二、中部自源封闭-半封闭型湖相沉积成藏动力系统

该系统层位上包括古近系烃源岩发育段。该系统由东营组下部与沙三段中下部异常压力层之间的砂、泥岩互层构成;主力烃源岩发育于深部超压环境,因而油气藏的形成不需要大规模的垂向运移。油气的输导层主要是系统内部的砂层;圈闭主要是在系统内发育的滚动背斜、鼻状构造、断块构造、岩性圈闭等。由于本套源层类型好,丰度较高,成熟度也较高,因此运移过程中在系统内已形成的圈闭均可形成油气藏;此时由于断层还有相当的活动性,因而既可成为向其他系统供油的通道,又可在一定条件下形成断块油藏,如埕北 42 油藏等。

1. 油气来源

由于埕北断裂带紧邻埕北凹陷,具有"近水楼台先得月"的优越条件,故埕北凹陷沙三段、沙一段烃源岩生成的油气在埕北断裂带附近广泛成藏,既有单源油藏,又有混源油藏,可以分为 3 类:第Ⅰ类油藏的原油由埕北凹陷沙一段烃源岩所提供,主要分布于靠近埕北凹陷的埕北断裂带附近;第Ⅱ类油藏的原油为埕北凹陷沙三段提供的成熟油,主要分布于胜海地区的西部;第Ⅲ类油藏的原油是埕北凹陷沙三段与沙一段烃源岩形成的混源油,主要分布在埕北断裂带附近。

来自渤中凹陷的油气也分为 3 类:第Ⅰ类原油主要来自渤中凹陷沙一段烃源岩;第Ⅱ类原油主要来自渤中凹陷沙三段烃源岩;第Ⅲ类原油主要分布于胜海地区东部,有机质来源以沙三段为主,混有少量沙一段烃源岩生成的烃类。

来自桩东凹陷的油气主要分布于桩海地区东部长堤断层附近的新生界,如桩斜 221 井、桩斜 18 井等。该类原油是由该凹陷沙三段和沙一段 2 套成熟的优质烃源岩提供的混源油。

综上所述,埕岛地区古近系具有近源成藏的特点,原油来自埕北凹陷沙一段、沙三段烃源岩,主要分布于靠近凹陷的埕北断层附近。渤中凹陷沙一段烃源岩所提供的成熟油分布局限,仅在埕北 30 东营组有所发现;沙三段烃源岩提供的高成熟原油主要分布于斜坡带的超覆油藏中。来自桩东凹陷的原油主要分布于桩海地区东部。

2. 油气藏类型

埕岛地区古近系处在"三山、三(凹)洼、三组断裂"的交汇处,构造比较复杂,分为 3 个构造区:东北部沟梁相间的缓坡构造带、南部以不同落差的断层控制的台阶和断块为构造特色的桩海地区以及西部断层持续活动的埕北断裂带。研究区沙河街组的沉积体系控制

并影响了其油气的分布。整体上油气受构造和岩性的双重控制,而不同区块、不同沉积体的油气藏类型及分布特征有所差异。

(1)近源陡坡带水下冲积扇砂砾岩以岩性-构造油气藏为主。

埕北断层、长堤断层下降盘发育了分别来自埕岛低凸起、长堤潜山的水下扇砂砾岩体,期次较多,厚度较大,为较好的储集体,而埕北断层、长堤断层又是主要的油源断层,因此只要存在有效的构造圈闭,就能聚集成藏,即构造圈闭对油气起主要的控制作用。例如,2004年初完钻的埕北古8井位于埕北断层下降盘的断鼻构造内,钻遇沙一、二段的砂砾岩体,测试日产油 43.1 t,不含水(图6-5)。

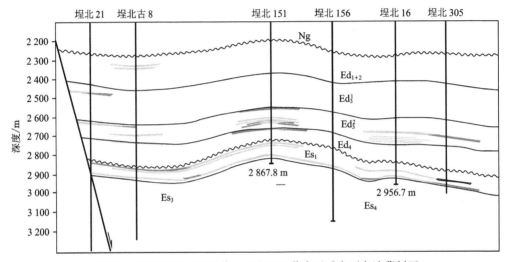

图 6-5 埕岛地区埕北 21 井—埕北 305 井古近系东西向油藏剖面

(2)各类滩坝沉积以构造-岩性油气藏为主。

滩坝沉积的特点决定其储集层横向变化大,各自独立成藏。油气受构造和岩性的双重控制,但以岩性为主。据统计,该区的各类滩坝均普遍见油气显示或者解释油层,而向储层高部位含油性变好。桩海101侧井在沙一段钻遇 19.4 m 含螺灰质砂岩,测试 10 mm 油嘴获日产 98.9 t 的高产工业油流,油藏中部埋深 3 722 m,含油高度 140 m(图6-6)。埕北断层上升盘的埕北 16 井钻遇沙一段细砂岩 14 m/3 层,测试日产油 49.5 t,日产气 5 614 m³,不含水;埕北39井在沙一段钻遇生物灰岩 20.2 m,电测解释油层 2.5 m/1 层,油水同层 16.2 m/1 层。

(3)深大断裂下降盘以逆牵引背斜为主的构造油气藏。

该类油气藏在 Ed_{1+2}—Ed_4 砂层组中均可发育,如埕北 35 井(图6-7)。油气藏特点为含油层系多、井段长、含油高度大;滚动背斜圈闭不需考虑侧向封堵,断块、断鼻圈闭需考虑侧向封堵。

(4)缓坡坡折带下方超覆油气藏或构造-岩性油气藏。

该类油气藏主要发育在 Ed_4—Ed_3^2 砂层组的浊积扇和扇三角洲砂体中。油气藏特点是断层输导、侧向封堵,如桩104井(图6-8);为扇三角洲或浊积砂体在坡折带下方或断层

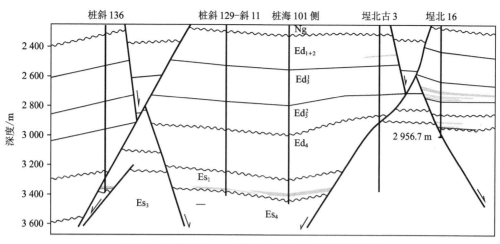

图 6-6 桩斜 136 井—埕北 16 井沙一段油藏剖面图

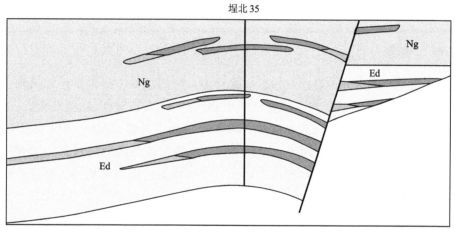

图 6-7 东营组逆牵引背斜构造油气藏成藏模式图

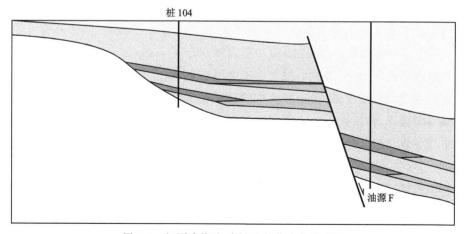

图 6-8 超覆式构造-岩性油气藏成藏模式图

前方形成的超覆或构造-岩性油气藏;属典型岩性油藏,含油高度不一;自源油气藏需要考虑含油高度;他源油气藏需要考虑油气输导。

除上述油气藏类型以外,还可能发育三角洲/扇三角洲前积砂体被断层切割形成的构造-岩性油藏,通常发育在 Ed$_3^1$ 砂层组中,目前仅见油气显示,是今后勘探部署需要探索的类型。

三、上部他源开放型河道砂岩成藏动力系统

该系统主要由新近系馆陶组—明化镇组构成。该系统没有油气源层,油源来自古近系;储层主要是馆陶组和明化镇组的砂层。该系统为静水压力环境,输导层、储层的压实作用较弱,孔隙度、渗透率较高,且侧向的分隔性较弱,因此油气可以进行长距离的侧向运移。油气藏主要为分布于供油断层附近的滚动背斜、断块圈闭或不整合和断层双源供油的披覆背斜。

1. 油气来源

埕岛地区上部他源开放型河流砂岩成藏动力系统的原油主要来自埕北凹陷,由于埋藏较浅(小于 1 500 m),遭受到不同程度的生物降解,导致其密度、黏度均变大。通过对埕岛地区新近系原油特征的深入剖析,按油源将其分为 3 种类型:第 I 类原油为埕北凹陷的沙三下亚段烃源岩进入生烃高峰期的产物,主要分布于埕岛地区西部的东营组、馆陶组、明化镇组储层;第 II 类原油与埕北凹陷沙三段烃源岩生物标志化合物特征相似,主要分布于胜海地区的西部;第 III 类原油由埕北凹陷沙三段与沙一段烃源岩 2 套源岩提供。

2. 油藏类型

1) 构造类油气藏

构造类油气藏又可划分为滚动背斜油气藏、断鼻与断块油气藏,其各自特征如下:

(1) 滚动背斜油气藏:在断块活动和重力滑动作用下,砂泥岩地层沿断层面下滑,产生次一级的水平挤压力,使塑性地层产生逆倾斜弯曲,形成滚动背斜圈闭。其形态多呈两翼不对称的宽缓状短轴背斜,构造幅度中部地层较大,深、浅层较小。高点由深到浅向断层面上倾方向偏移,构造走向与主要断层平行。该类油藏常沿主断层呈串珠状分布,圈闭面积大小与主要断层活动强度和规模密切相关。埕北 33 块馆陶组油藏即为此类油藏(图 6-9),其油气分布主要受构造控制,其次受储盖组合控制,油气富集程度高。目前埕北 33 块控制石油地质储量为 1 744×10^4 t。

(2) 断鼻油气藏:在窄陡斜坡带,同生断层发育,易形成断鼻油气藏。该类油气藏平面上往往由 2 条或 2 条以上的断层相交形成构造封闭的断块或向下倾方向敞开的断块,剖面上储集层上倾方向被断层切割封堵。其油气分布富集特征与断块油气藏有相似性,可分为反向断鼻油藏和顺向断鼻油藏。埕北 15 井馆陶组油藏为下向断鼻油气藏,桩斜

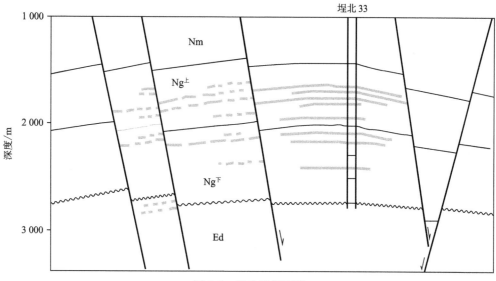

图 6-9　滚动背斜油藏

137 井和桩斜 138 井馆陶组上段的油藏即为反向断鼻油气藏,其上倾方向由断层封堵,侧向由鼻状构造封堵的油藏(图 6-10)。

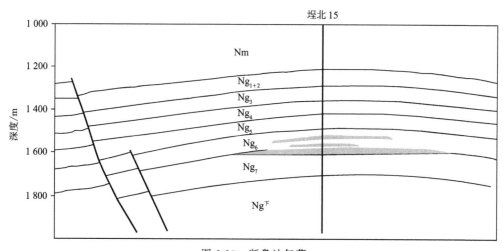

图 6-10　断鼻油气藏

(3) 断块油气藏:聚集油气的断层圈闭称为断层油气藏。所谓断层圈闭,是指储集层上倾方向被断层切割,并被断层另一侧的不渗层或断层泥等遮挡而形成的圈闭。储集层的上覆岩层必须是非渗透层。

2)非构造类油藏(隐蔽油藏)

非构造类油藏是由岩相变化、地层尖灭(剥蚀、超覆)及地层内部储层变化等因素形成的油藏。该带发育的非构造类油藏主要是岩性油藏。由于该带新近系储层变化较大,利于形成岩性尖灭或岩相变化为特征的岩性圈闭。岩性油藏多为大套泥岩中包裹的透镜体状砂岩形成的油藏,如埕北 351 井馆陶组油藏。

此外,研究区还发育大量的混合型油气藏。已开发的埕北断裂带新近系有相当数量的油藏属于岩性-构造油藏或构造-岩性油藏。

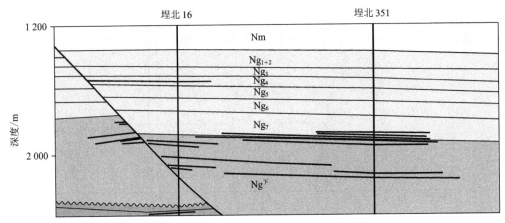

图 6-11　埕北 16 井—埕北 351 井油藏剖面图

第二节　油气成藏动力环境和成藏组合

一、油气成藏动力环境

依据埕岛地区地层流体压力的大小与分布将其划分为 3 个流体运移动力系统:超压封闭系统、半封闭系统和常压开放系统。超压封闭系统分布在深洼陷带内部,其特点是流体压力为异常超压,流体压力系数边界值为 1.2。该系统流体排运和能量交换不畅,存在压力封盖,故流体压力保持超压,但当发生区域构造活动或系统内部超压足够大时,压力封盖层破裂,流体及压力释放,之后系统又封闭。幕式开启封闭是超压封闭系统的又一特点。常压开放系统分布在凹陷的浅部和边部,流体压力为正常压力,压力系数为 1.0 左右,可接受来自凹陷内部的离心流流体,也可接受来自外部的大气水下渗向心流流体。半封闭系统位于超压封闭系统与常压开放系统之间,流体压力处于超压与常压的过渡区,压力系数为 1.0～1.2,凹陷内部离心流体可在该系统运移和聚集。

与上述 3 个流体运移动力系统相对应,根据流体流动方向、运移动力划分 3 种流体流动单元:与超压封闭系统对应的沉积压榨水离心流区、与半封闭系统对应的越流泄水区和与常压开放系统对应的大气水下渗向心流区。超压封闭系统内流体运移动力以流体异常压力为主,流体由内向外、由下向上离心运移。从半封闭系统到常压开放系统,流体运移的动力由以流体异常高压为主逐渐过渡到以浮力为主,离心流体运移至凹陷边缘古越流区与凹陷外围下渗的大气水汇合,并进入地层正常压力系统内,绝大多数流体异常压力在此泄压,含烃流体由于快速穿过古越流区亦可能保留部分残余压力,此时浮力成为油气运移的主要动力。根据埕岛地区地层流体压力的大小与分布的不同,成藏环境分为3种:超压环境、过渡压力环境和静水压力环境。

二、成藏组合

根据油气聚集的能量环境和压力结构,在埕岛地区存在3种油气成藏组合:上部静水压力环境成藏组合、中部过渡压力环境成藏组合和下部超压环境成藏组合(图6-12)。

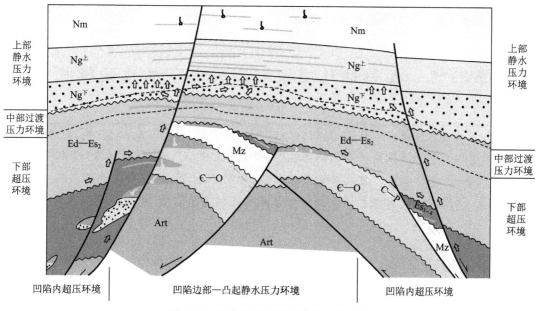

图6-12　埕岛地区成藏环境分布模式图

1. 上部静水压力环境成藏组合

埕岛地区浅层静水压力系统层位上包括新近系的馆陶组和明化镇组,该系统不存在有效烃源岩,该成藏组合中的油气来源于深部超压系统。相对而言,静水压力系统中输导层/储层的压实作用较弱,孔隙度、渗透率较高,且侧向的分隔性较弱,因此油气可以进行长距离的侧向运移。

2. 中部过渡压力环境成藏组合

根据压力结构类型,中部过渡压力环境成藏组合可以分为2类:泥岩超压、输导层/储层处于震荡性过渡环境和地层压力急剧变化的递增型过渡环境。在压力过渡带内部发育有效烃源岩,或烃源岩生烃潜力低于下伏超压系统,因而该成藏组合的油气亦主要来自下部的超压系统。

3. 下部超压环境成藏组合

下部超压环境成藏组合可以发育多种油气藏类型,包括受构造控制的常规超压油藏和不受构造控制、发育于相对高孔高渗带中的超压油藏。在该成藏组合中,主力烃源岩发育于深部超压系统,因而该成藏组合内油气藏的形成不需要大规模的垂向运移。

压力过渡带与静水压力系统在成藏环境和成藏过程方面具有很强的相似性,相对于深部超压系统,压力过渡带和上部的静水压力系统均处于低温、低压条件下,通常不发育烃源岩,油气主要来自深部超压系统。将压力过渡带与静水压力系统统称为浅层低能环境,将深部超压系统称为深层高能环境。

第三节　埕岛油气成藏动力控制下的成藏模式

根据埕岛油气成藏动力系统组成特征,在综合分析油气的生成、运移、聚集、保存、破坏各个环节以及它们之间有机联系的基础上,将埕岛地区油气成藏模式归纳概括为 4 种:多凹陷-混源-低潜山式复式动力系统成藏模式、单凹陷-他源-断裂带式动力系统成藏模式、单凹陷-他源(自源)-斜坡带式动力系统成藏模式和多凹陷-他源-断裂带式动力系统成藏模式。

一、多凹陷-混源-低潜山式复式动力系统成藏模式

埕北低凸起是在前新生界潜山基础之上的一个大型披覆构造,潜山形成于燕山运动末期,新生界直接覆盖其上,构造上下吻合,高点基本一致。油源主要来自西侧的埕北凹陷及东部的渤中凹陷,断层、不整合面及砂体作为油气运移的通道沟通了油源凹陷与储集层、储集层与储集层,使其形成潜山油气藏、披覆背斜油气藏及岩性-构造油气藏。其模式是沿基岩不整合面分布的带状潜山油气藏,东营组、馆陶组上段油藏披覆其上,形成背斜油气藏的成藏模式。

二、单凹陷-他源-断裂带式动力系统成藏模式

该模式的特点为:单向生烃凹陷供烃,多期充烃;油气沿断层以垂向运移为主,侧向运移为辅,运移距离较近;圈闭油气充满程度高,断裂带既是圈闭发育带,又是岩性变化带,断裂带控制油气聚集。研究区埕北凹陷—埕北断层属于这种模式。埕北断层及主体构造带南侧为埕北凹陷,该凹陷中的古近系沙三段为主要烃源岩,并通过埕北断层直接向构造带供烃。由于埕北凹陷埋藏相对较浅,热演化程度相对较低,油气聚集以中等成熟的油气为主。油气充注期主要有 2 次:新近系馆陶组沉积末期为早期充注,新近系明化镇组沉积

末期为第二期充注。2 次主要的充注期均发生在新近系馆陶组上段大规模的披覆背斜圈闭形成之后,因此馆陶组上段储油气丰度高。但由于馆陶组上段构造部位高,埋深浅(约 1 200 m),聚集后的油气遭到一定的生物降解和氧化,导致原油以稠油为主。

三、单凹陷-他源(自源)-斜坡带式动力系统成藏模式

该模式的特点为:单向生烃凹陷供烃,多期充注;以不整合面侧向运移为主,垂向运移为辅,运移距离较远;地层超覆、剥蚀、不整合等圈闭是油气聚集的主要场所。研究区沙南(渤中)凹陷—埕岛斜坡带运移、聚集系统属于这种模式。埕岛斜坡构造带的油气以北部沙南凹陷中的沙三段和东营组烃源岩生成的油气为主,渤中凹陷次之。不整合面是油气运移的主要通道,并且沿不整合面以下,油气聚集符合逆向差异聚集原理,平面上自南高部位向北低部位圈闭中为含水-重质油藏异化规律。该类油气藏规模相对较小。

四、多凹陷-他源-断裂带式动力系统成藏模式

紧邻渤中凹陷、埕北凹陷、桩东凹陷等生油凹陷,形成了古生界—中生界—古近系—新近系多层系含油的大型油气富集带。该带古近纪构造受东(长堤断层)、北(埕北断层)2 个构造体系的共同制约,以东西向断层为主,其中顺向断层多为早期产生的同沉积断层,反向断层多为后期活动的伴生断层。早期断层落差大,活动期长,大都活动至新近系明化镇组沉积时期,它们一方面控制了潜山披覆构造、滚动背斜构造、断块-断鼻构造等的形成与分布,另一方面沟通了深部烃源岩与上部古近系储集体,使该带新生界具备了较为优越的成藏条件;后期的伴生断层对油气在储层内的运移起到了输导作用,又控制了油气的成藏规模。该模式的特点为:多源供烃,多期充注;发育油源断层,沿断层以垂向运移为主,运移距离较近;油气以断块、断鼻等圈闭聚集为主;油气混源。埕北 30 构造带和桩海地区潜山中的油气主要来自北部渤中凹陷沙三段的烃源岩,部分来自桩东凹陷沙三段和埕北凹陷沙河街组的烃源岩,主要的充注期为新近系馆陶组沉积末期,油气供给充足,油气充满度高;构造带新生界中的油气来自渤中凹陷、埕北凹陷和桩东凹陷沙三段烃源岩,主要的充注期为新近系明化镇组沉积末期,具混源成藏特征,2 次充注皆以成熟—高成熟的油气为特征。

第四节　油气运移的驱动机制和动力模型

成藏动力系统中流体运动主要包括 5 种动力来源:来自地下深部的热动力、盆地沉积作用过程中产生的自源动力、与地表连通所形成的水动力或重力流、构造动力作用以及浮力和毛细管力叠加产生的作用力。油气主要在构造应力、异常压力、浮力、水动力、热动

力、毛细管力和质量扩散力等一种或几种力的作用下进行运移。从油气垂向成藏的驱动力和运聚过程来看，异常超压和浮力作为油气垂向运移的 2 种主要驱动力，都可单独驱使油气垂向运移，但在地质条件下，常见的是二者联合作用。根据对油气运移起主要驱动作用的力的不同，可以将油气运移分为超压驱动主导型和浮力驱动主导型 2 种类型。在连续（稳态）充注条件下，油势梯度主要由浮力强度和超压强度矢量和共同构成，但超压强度明显大于浮力强度，因此称之为超压驱动主导型。在幕式（非稳态）充注条件下，浮力是驱动油气运移最持久的动力，油气运移动力早期以流体异常压力为主，油气进入馆陶组下段仓储层后，超压不再作用于油气，较高的流体势逐渐衰减，后期逐渐过渡到以浮力为主，因此称之为浮力驱动主导型。

同时，可以根据主要驱动力的不同将油气运移分为早期以流体异常压力为油气主要运移动力和以浮力为油气主要运移动力 2 个不同的阶段。无论是在连续（稳态）充注还是幕式（非稳态）充注条件下，油气运移动力早期以流体异常压力为主，流体异常压力推动着含烃流体从烃源灶向外运移。在浮力为油气主要运移动力阶段，超压流体沿通道运移会发生能量的衰减，当油气上浮运移至储集层顶部时，由于盖层的封闭性，油气沿顶部界面散开，当再聚集有相当于油柱临界高度的油体时，才能沿储集层的上倾方向运移。如与开放的断层相连通，则优先通过断层运移，再向断层两侧的砂体运移。浮力因输导层产状变化而具有一定的局限性，"高压临时仓储"的存在增加了远距离浅层圈闭的成藏概率，使油气沿次级断裂网汇聚式运移进入上部的油气聚集网层，再沿砂体、断裂等输导网络运移，并在有圈闭条件的部位形成油气藏。

含油气盆地内可以存在多个油气成藏动力系统，相应地油气二次运移的主要驱动机制也不尽相同。驱动机制转换是油气穿越不同成藏动力系统发生运移的动力学纽带，也是进行系统与系统间能量传递和油气运移规律研究的关键内容。从盆地整体来看，油气运移的动力学背景既不是一个统一的整体，也不是互不相关。严格地说，在单一动力驱动机制作用下形成的油气藏很少，或根本就不存在。油气运移过程不仅仅局限于同一个流体动力系统内，通常贯穿多个流体动力系统。油气从一个成藏动力系统进入另一个成藏动力系统，主要驱动机制必然发生变化，相应驱动机制转换过程就在所难免（图 6-13）。

埕岛地区古近系上部和新近系层系埋藏深度较浅，成岩作用弱，岩石渗流能力强，处于正常压实状态，具有统一的水动力场。油气在东营组—馆陶组中下部输导层系内的活动主要受浮力驱动，以主动式运移为主。古近系深部层系成岩作用强，岩石物性总体较差，多个异常流体压力系统叠置，油气驱动机制包含了超压驱动、水动力驱动和浮力驱动等，而且处于不同位置、不同聚集状态下油气的驱动机制也不尽相同，驱动机制和运移方式在纵、侧向上都发生频繁转换。总体而言，油气自生烃中心向盆地边缘及浅层运移过程中，驱动机制由超压驱动及水动力驱动为主逐渐演变为浮力驱动为主，相应地油气运移方式由被动式运移为主逐渐演变为主动式运移为主，同时伴随着油气在有利圈闭内的聚集。

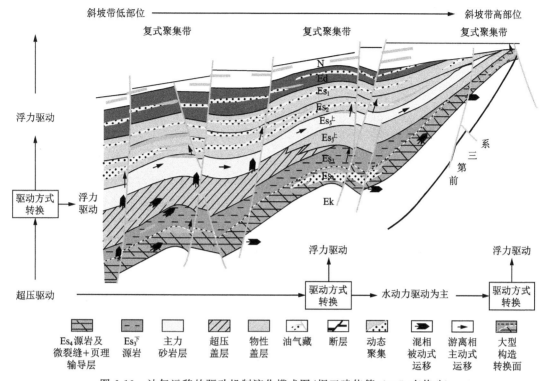

图 6-13 油气运移的驱动机制演化模式图(据王建伟等,2007,有修改)

从油气垂向成藏的驱动力和运聚过程来看,异常超压和浮力作为油气垂向运移的 2 种主要驱动力,都可单独驱使油气垂向运移,但在地质条件下,常见的是二者联合作用。然而二者的作用力大小和作用范围有很大差别,在实际油气垂向运聚过程中也有以某种驱动力为主的问题,相应的运移过程和聚集特点亦有许多不同之处。这里以是否伴有孔隙流体周期流动为标准,划分和建立超压周期流动和常压周期渗流 2 种模型。

1. 超压周期流动模型

超压流体周期流动模式最早由 Hooper 引用到石油地质领域,用以解释流体沿生长断层运移造成的一些地质现象。超压周期流动模型以异常超压为油气垂向运移的主要动力,运移通道包括大断裂和构造软弱带,运移方式为周期流动。Hooper 认为断裂活动期就是超压流体运移期。但实际上,超压流体运移与断裂活动可以相互作用:一方面,断裂活动有利于超压流体沿之快速集中并向上运移;另一方面,流体压力的积累和应力集中降低了岩石的内摩擦力和破裂强度,有利于断裂活动。因此,除大的断裂活动旋回主要是构造应力作用外,在压实盆地内,有些断裂活动是流体压力和构造应力作用的耦合,埕北凹陷中油气能沿埕北断裂运移到其顶端的新近系中聚集成藏是这方面的直接证据。特别是一些由许多位移量不大的小断层组成的树枝状断裂还可能是以超压流体作用为主。由于流体压力积累到一定程度时能突破上覆岩层的破裂强度而直接向上运移,使构造软弱带或先期存在的断裂带成为超压流体突破的重要部位,在超压流体活动强烈的地区形成流体底辟构造。在水湿介质中,分散游离相油气不可能随短期快速运动的水流运移得太远;水溶相油气能随水流向上长距离运移,随着压力和温度的降低而出溶为游离相并聚集成藏。如果成藏层系后期又有超压流体周期释放,则可形成复式聚集带,否则油气主要在出溶成藏层系富集。

2.常压周期渗流模型

常压周期渗流模型以浮力为主要驱动力。当然在有水动力和压力界面附近也要受孔隙流体压力差的影响,但与周期流动无关,油气运移是一个缓慢的渗流过程,运移通道包括断层、不整合面和储集层,但对垂向复式成藏起关键作用的是断层。油气运移和聚集过程发生在沿断层垂向分布的一系列圈闭中,根据排驱压力差封闭模式从深层向浅层圈闭有序充填。排驱压力差封闭模式最早是为了说明岩性圈闭机理而提出的,Smith 和 Allan 用之解释断层两盘的油、气、水层分布特点和运聚规律,陈发景等在研究渤海湾盆地断层封闭性时还考虑了水动力因素。在排驱压力差封闭模式中,油气运移和聚集同样具有周期性,即油气首先在下部圈闭中聚集,当聚集的油气超过遮挡体的封闭能力时,沿圈闭的顶部溢出点溢出,并沿通道向上部圈闭中运移。一般来说,油气不能进入比通道排驱压力高的储集层,而只有比通道排驱压力低的储集层才能储集油气,据此可以评估通道的排驱压力。与超压周期流动模型不同,这种复式油气聚集带是在油气源供给的整个地质历史时期逐步形成的,且没有截然的原生油气藏和次生油气藏之分。以超压周期流动形成复式油气聚集带中的原生油气藏是在流体周期流动之前形成的,在周期流动期被破坏,其后又可补充成藏;次生油气藏仅形成于流体周期流动期。原生油气藏和次生油气藏在形成时期和分布层位方面都有明显区别。

在连续稳态流体流动的情况下,油气在自身浮力和水动力的共同作用下,通过缓慢渗流运移并聚集成藏。在此条件下,油气聚集是一个连续、缓慢的过程。在超压盆地中,超压对生烃过程有抑制作用,封闭流体系统会引起烃源岩排烃停滞,导致超压系统压力积累,积累到一定程度时,压力封存箱破裂,使油气沿着优势通道间接性向上充注,从而引起浅层低能环境的油气幕式快速成藏。

第五节   不同成藏环境油气相对丰度的
动力学影响因素

不同成藏动力系统中油气的相对丰度受超压强度、封闭层的性质和分布、应力状态和断裂的发育程度、超压的发育机制和超压系统内油气的侧向输导能力、压力结构等多种因素控制。

1. 超压强度

只有当达到地层破裂压力或断层/裂缝开启时,地层才能破裂(断层/裂缝才能开启),导致油气发生二次排放和穿层运移,从而使油气富集于压力过渡带或浅部静力压力系统。因此,超压强度越大,超压系统的油气越难保存,越倾向于在压力过渡带或浅部静水压力环境富集。在超压相对较弱的凹陷内,在油气生成、运移、聚集的过程中,超压系统的地层压力未达到地层破裂压力或断层/裂缝开启压力,大部分油气只可能在超压系统中聚集。

2. 封闭层的性质和分布

压力分布是划分成藏动力系统的基本参数,压实盆地内的孔隙流体压力具有层状结构的特点。无论是封闭层还是高压带都对油气垂向运移起封闭作用,而在封存仓或排液组合内部,油气可以进行侧向运移或垂向流体交换。

3. 应力状态和断裂发育程度

张性环境更有利于地层破裂或现今存在的断裂/裂缝开启,导致油气从深部超压系统向浅部低能环境排放。断裂是重要的垂向油气输导通道,因而断裂的发育程度强烈控制着油气的运移和聚集。一方面由于断裂的开启压力通常低于未变形地层的破裂压力,因此在其他条件相同时,断裂不发育的凹陷能承受的超压强度大于断裂较发育的凹陷。更为重要的是,断裂是重要的超压优势排放通道,因此断层越发育,越有利于深层超压系统的油气垂向运移至压力过渡带和浅部静水压力系统聚集。反之,在断裂不发育的凹陷,相当部分的油气可能被封闭在深部超压系统,甚至被封闭在烃源岩中。除断裂的发育程度外,断裂活动性对超压流体的排放及不同压力环境中油气的相对比例有重要的影响。断裂活动性越强,越有利于油气从深部超压系统向压力过渡带和浅部静水压力环境排放。埕岛地区后期的断层的活动控制着油气的分布。从现有资料分析,在埕岛地区新近纪活动性最强的断层为埕北断层。

4. 超压的发育机制和超压系统内油气的侧向输导能力

从油气运聚规律来看,烃源岩生成的油气主要有 2 个运移方向:一是由生油洼陷向盆地边缘运移,二是由较深的储层向较浅的储层运移。油气从烃源岩中排出后向盆地边缘或浅层运移的通道有断层、储层和不整合面等。对于包裹在烃源岩中的砂体而言,油气还有另外一种运移方向,它可以直接进行初次运移后富集成藏。在其他条件相同的情况下,超压系统内油气的侧向输导能力越强,越有利于超压的局部积累和超压流体通过优势通道排放,油气越倾向于在压力过渡带和浅部静水压力环境内聚集成藏。以压实不均衡为主要机制的超压通常在地层埋藏较浅时就开始发育,系统中的砂体往往具有较高的孔隙度和渗透率,从而具有较强的侧向油气输导能力。主要由生烃作用形成的超压,由于超压开始发育时地层的压实程度和成岩作用已经较高,超压地层的孔隙度和渗透率较低,超压系统内的侧向输导能力低,不利于超压和油气的侧向传递和集中排放。

5. 压力结构

不同超压盆地具有不同的压力结构,就渐变型压力结构而言,相当部分从深部超压系统排放出来的油气可能聚集于压力过渡带。特别是震荡过渡型压力结构的过渡带中,泥岩超压,可大大增强盖层的封闭能力,而储集体处于常压,最有利于油气聚集,因此泥岩超压、储集体处于常压或过渡带是油气聚集的"黄金配置"。

总之,在埕岛地区不同成藏动力环境中油气的相对丰度取决于多种因素。虽然压力过渡带和静水压力环境是油气聚集的重要场所,但在不同压力构造的凹陷中,由于断层的发育和活动程度不同,不同压力环境中油气的丰度和相对富集程度可能明显不同,如目前发现的来自埕北凹陷的油气主要集中于静水压力环境,而来自渤中凹陷的油气主要集中于深部超压环境和压力过渡带。

第七章
不同区带油气成藏动力系统评价

埕岛地区包括埕岛油田主体、埕岛东部斜坡带、桩海地区、埕北断裂带等多个区带,前人已经从构造、沉积、储层、分布规律、成藏模式等方面对其进行了研究,这里主要从成藏动力系统方面进行研究评价和勘探目标评价。

第一节　埕岛东部斜坡带油气成藏动力系统评价

埕岛地区东部斜坡带位于埕岛潜山带向东部渤中坳陷的延伸部分,由凹陷向潜山沙河街组—东营组逐层上超于前新生界剥蚀面之上,形成不同时期的地层超覆,东营组中上部以上地层继承性发育,形成披覆构造单元。该斜坡带断层相对发育较少,自南向北主要发育了埕北30北断层、埕北8北断层及胜海10断层3条较大的断层。

一、埕岛东部斜坡带油气成藏动力条件分析

埕岛东部斜坡带属于过渡压力环境到静水压力环境,根据探井试油资料,该区超压不发育,油气以渤中凹陷的沙三段和东营组烃源岩生成的油气为主。该地区存在3套烃源岩,即沙三段、沙一段和东营组,这3套烃源岩已基本进入成熟门限。

由于油气勘探的深入和多学科联合研究的广泛开展,成藏动力系统理论的研究内容不断丰富。最近,田世澄提出沉积盆地由固体骨架系统和流体系统组成,流体系统赋存于骨架系统之中,并随着骨架系统的沉积压实演化而演化,骨架系统包容、限制和推动流体系统在骨架系统中的运动。因此,可以运用研究沉积盆地等时地层格架的层序地层学识别和划分成藏动力系统,为成藏动力系统与层序地层学相互渗透耦合提供了依据。由于层序地层格架和成藏动力系统都以地层沉积的多期旋回性作为层序或子系统划分的依据。层序地层格架与成藏动力系统耦合为应用层序界面划分成藏动力系统提供了依据,最大洪泛面既是层序地层格架中的重要界面,又是成藏动力系统子系统划分的界面;层序

地层中的体系域内各次级层序和岩性韵律变化为成藏动力系统中的各级排液(烃)单元。

　　埕岛东部斜坡地区东营组的顶底界面以不整合面与上下地层接触,从层序的定义来说,东营组的顶底界面即区域性的不整合面可以直接作为层序的边界。其岩性底部以深水泥岩沉积为主,上部以砂砾岩沉积为主,反映了由深水到浅水的沉积过程,即由一次湖侵和一次湖退构成的旋回过程。整个东营组可划分成1个一级层序。按照上述层序划分的原则,进一步对该地区进行层序的详细划分,划分出2个二级层序,即层序Ⅰ和层序Ⅱ。层序Ⅰ的顶界面为东营组与馆陶组的分界面,是一个区域性的微角度不整合面,有明显的顶超及削蚀现象;层序Ⅰ的底界面也是与层序Ⅱ的分界面,与东营组中部"胖砂岩"段的底界面大致相吻合。

　　在埕岛东部斜坡地区,由于受构造、地形及其他因素的影响,体系域的发育是很不完全的。由于研究区地处一个单斜构造,在湖平面不断下降并达到稳定状态时,湖平面已经处于沉积基准面之下,沉积区距离物源较远,水体规模较小,沉积物供给不足,故不发育低位体系域,仅发育湖侵体系域、高位体系域及湖退体系域。体系域的形成与湖平面的升降有很大的关系,而且在湖平面升降过程中形成的几个最为关键的界面,即初始湖泛面、最大湖泛面、初始湖降面等就是体系域之间的分界面。一个发育完整的层序内部以以上几个关键界面作为体系域的分界面,依次划分出不同类型的体系域。在埕岛东部斜坡地区,根据录井、测井及地震资料,以及准层序组的不同组合特征,识别出典型的关键界面,划分出不同类型的体系域(图7-1)。层序Ⅰ内部发育高水位体系域及湖退体系域,其中高水位体系域占据了层序的主体部分。高水位体系域是在湖平面由相对下降转变为相对上升时期形成的,其顶界面是下降体系域的底界面,底界面是最大湖泛面。按照体系域在一个

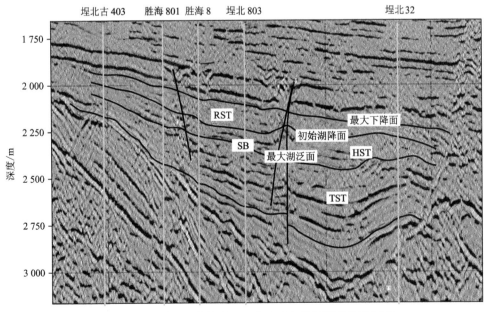

图 7-1　埕北低凸起东斜坡地区古近系东营组层序地震剖面

完整层序内的相对位置,高水位体系域的上部是湖退体系域,它是在湖平面快速相对上升期间存在一个缓慢的相对上升期时形成的,或是在沉积物不断供给的情况下存在一个短暂的沉积物大量快速供给时形成的。层序Ⅱ内部发育湖侵体系域,并出现了湖侵体系域单一的现象。在研究区域内,湖泛初期,水体尚处于较浅状态,故在湖侵体系域的初期仍然有砂岩沉积。随着湖平面的继续上升,水体变深,泥岩的含量相对增加。

根据沉积特点,结合地震、测井及单井相分析,东营组长期旋回在基准面上升期主要发育深水湖—浊积扇沉积体系,基准面下降早期发育扇三角洲—滑塌浊积扇体系,中期以辫状河三角洲体系为主,晚期则以低弯度河流—冲积平原相体系覆盖全区。其中,东营组 Ed_3^2—Ed_4 砂层组是埕岛东部斜坡带的主要储层发育段和含油层段,以发育较深水湖—浊积扇沉积体系和扇三角洲沉积体系为主,主要储集类型为深水浊积扇、扇三角洲及其扇端的滑塌浊积扇。

埕岛东斜坡油气主要集中在 Ed_3^2—Ed_4 砂层组,最大湖泛面起到了封存箱的作用,最大洪泛面可能为压力封存箱的顶界面,如图 7-2 所示。

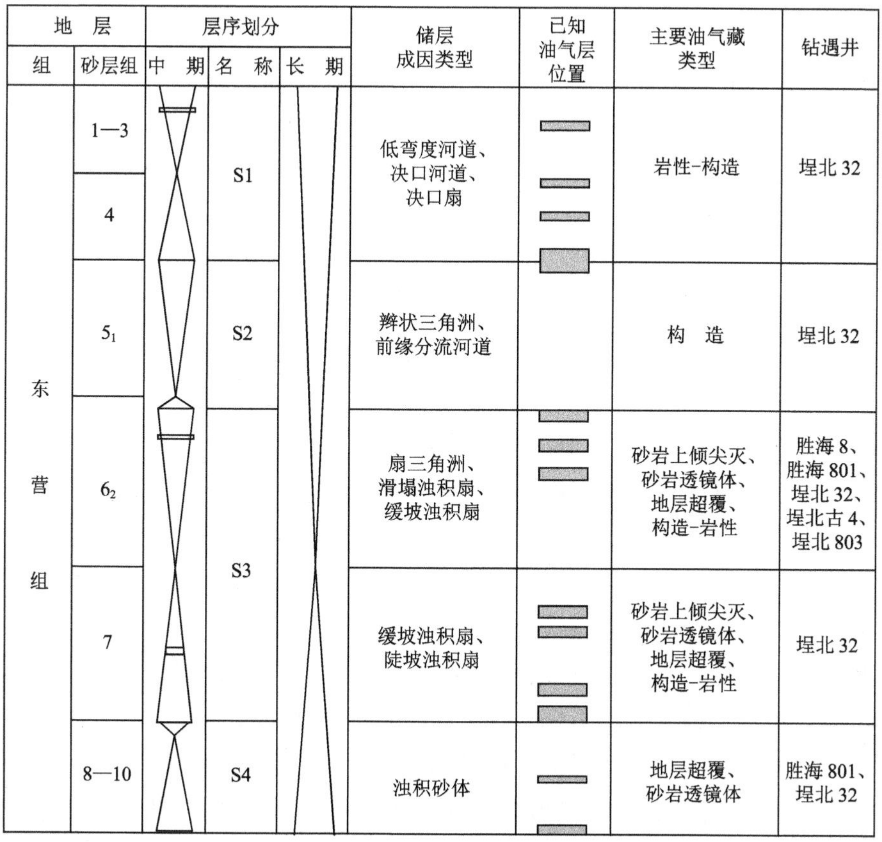

地层		层序划分			储层成因类型	已知油气层位置	主要油气藏类型	钻遇井
组	砂层组	中期	名称	长期				
东营组	1—3		S1		低弯度河道、决口河道、决口扇		岩性-构造	埕北32
	4							
	5₁		S2		辫状三角洲、前缘分流河道		构造	埕北32
	6₂		S3		扇三角洲、滑塌浊积扇、缓坡浊积扇		砂岩上倾尖灭、砂岩透镜体、地层超覆、构造-岩性	胜海8、胜海801、埕北32、埕北古4、埕北803
	7				缓坡浊积扇、陡坡浊积扇		砂岩上倾尖灭、砂岩透镜体、地层超覆、构造-岩性	埕北32
	8—10		S4		浊积砂体		地层超覆、砂岩透镜体	胜海801、埕北32

图 7-2 埕岛东部斜坡带地层层序与成藏关系图

3 000 m(最大湖泛面)以下,Ed_4 砂层组易形成自生自储的岩性油气藏,勘探关键点是砂体的识别和描述;3 000 m(最大湖泛面)以上(Ed_3^2 砂层组)以断层-岩性油气藏为主,尤其以断层两侧具古地形背景的区块油气最为富集。对岩性油气藏勘探来说，首先要求储集砂体具备形成岩性圈闭的基本条件，如形成岩性油气藏的条件已经具备，则储集砂体的分布是需要首先研究的内容，只有搞清储集砂体的分布，才能确定岩性油气藏勘探的有利地区，而有些储集砂体直接就是岩性油气藏勘探的目标，如浊积透镜体。因此，与构造油气藏的勘探思路不同，储集砂体的性质和分布是岩性油气藏勘探的关键。最大湖泛面以下主要以岩性、地层-岩性油气藏为主，成藏主要受岩性分布控制。"胖砂岩"以上只有构造和岩性有效配置才可成藏。

二、埕岛东部斜坡带油气藏动力系统

根据区域盖层对油气流体垂向运移的封闭作用和油源对比的结果，将东部斜坡划分为渤中凹陷—东部斜坡新近系成藏动力系统、渤中凹陷—东部斜坡古近系成藏动力系统和渤中凹陷—东部斜坡古潜山成藏动力系统。来自渤中凹陷的油气主要通过断层、不整合面和砂体向东部斜坡和埕北 30 潜山构造带运移。埕北 30 潜山披覆构造带上太古界—古生界聚集系统中的油气来源于 II_2—III 型干酪根，其成熟度较高，族组成碳同位素明显偏重。渤中凹陷西部常有较大规模的深水浊积扇沉积，在重力流沉积体系发育的地区陆源有机质输入较多，母质类型变差，主要为 II_2—III 型陆源有机质，埕北 30 井太古界和古生界的油气与渤中凹陷的烃源岩有关，其油气运移和聚集与夹持断块的断层密切联系。埕岛东部斜坡地区原油的生物标志化合物的分布特征与埕北 30 潜山披覆构造带上太古界—古生界聚集系统中的油气相似，包括倍半萜、三环萜和五环三萜、规则甾烷及 4-甲基甾烷，在质量色谱图上与埕北 30 潜山披覆构造带上太古界—古生界聚集系统中的油气具有惊人的相似性，表明它们具有相似的母质来源。埕北东部斜坡胜海 801 井的东营组油气具有典型的东营组烃源岩特征，C_{29} 藿烷和 C_{31} 藿烷含量高；胜海 8 井东营组原油中 C_{29} 藿烷和 C_{31} 藿烷略高于沙河街组，且 γ-蜡烷含量较高，为沙一段和东营组烃源岩生成油气的混合物。埕北 20 潜山带中部的胜海古 2 井古生界油气中甾烷组成以 C_{28} 甾烷占优势，藿烷中 C_{29} 藿烷和 C_{31} 藿烷含量不高，而 γ-蜡烷含量较高，油气来自渤中凹陷的沙三段、沙一段烃源岩。埕岛地区古近系与前新生界之间发育的大型区域不整合面是渤中凹陷生成的油气向埕岛东部斜坡地区侧向运移的重要通道。油气运移以横向运移为主，且通道畅通，剥蚀面被断层切穿，油气沿断层向上运移，聚集形成油气藏。埕岛东部斜坡地区存在几条较大的断层，为该油气藏的形成提供了运移通道和侧向遮挡条件。东部斜坡油气运移以侧向为主，断层和不整合面是油气运移的主要途径，运移距离较远；地层超覆、剥蚀、不整合等圈闭是油气聚集的主要场所。在其南部的埕北 30 断阶带和胜海 8 南虽然断层较为发育，该区馆陶组下段仓储层也较为发育，但由于断层活动结束较早，上部网毯式成藏体系不发育。

埕岛东部斜坡属于坡折型缓坡带，是箕状断陷盆地的重要组成部分，其外接埕岛凸起，内邻渤中洼陷，具有坡度平缓、距物源较远、古地形起伏较小、构造活动持续缓慢和地层不整合发育等特点,沉积地层中各种成因的储集体极为发育、粒度较细。缓坡带是油气运移的有利指向,有利于油气藏的形成。油气藏类型多样,自外向内有不整合稠油油气藏、超覆油气藏、滚动背斜油气藏和古潜山油气藏,在斜坡低部位还经常出现浊积砂岩体圈闭油气藏。

缓坡带的油气运移以渗透运移模式和扩散运移模式为主。渗透运移是烃类在饱含水的砂层中以连续相、水溶相或油(气)溶相的形式稳态运移,其中以连续相运移为主,为油气二次运移的主要机制。缓坡带的运移包括两方面的含义:第一,在静水条件下,由于地下水的存在,烃类与水二者之间的密度差产生的浮力作用导致油气垂直向上运移;第二,在动水条件下,水动力和浮力的共同作用导致烃类发生运移。

扩散运移机制是一种最普遍的运移机制。只要有油气生成,存在浓度差,就会发生扩散运移。扩散运移的相态可以是游离相,也可以是水溶相。扩散速度极其缓慢,方向性不强,在特定条件下可导致油气的富集,而在大多数情况下导致油气的散失。

由于储盖地层岩性的变化,断层的切割和活动以及裂缝的开张闭合必然导致运移通道在时空上不断变化并形成复杂的运移路径。最常见的运移方式是油气沿渗透性运载层发生侧向运移,受阻后再沿断层发生垂向运移,封闭后再侧向运移;或是先沿断层发生垂向运移,再沿运载层发生侧向运移,然后发生垂向运移。油气沿这样的路径运移称为阶梯状运移模式。

综上所述,东部斜坡古近系成藏动力系统为含油气丰度最高的成藏动力系统,渤中凹陷—古潜山成藏动力系统具有较大的勘探潜力,新近系成藏动力系统相对成藏条件较差,只在断层附近能聚集成藏。

埕岛斜坡构造带油气主要来自渤中凹陷的沙三段和东营组烃源岩生成的油气,属于单凹陷-他源(自源)-斜坡带式油气成藏模式(图7-3),单向生烃凹陷供烃,多期充注;以不整合面侧向运移为主,垂向运移为辅,运移距离较远;地层超覆、剥蚀、不整合等圈闭是油气聚集的主要场所。

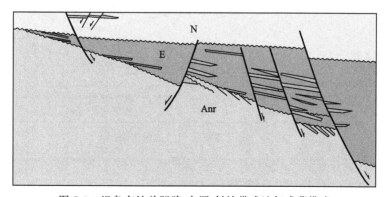

图 7-3　埕岛东坡单凹陷-自源-斜坡带式油气成藏模式

断裂活动造成的油气垂向分布特征不明显,主要与横向连通的砂岩配置形成阶梯式输导组合,有利于油气的横向运移。在油气运移期,运移通道中富含油气,优先往阶梯式组合的最顶端充注,油源充足的情况下会依次由上至下充满阶梯式下部的储层,易在顶部"台阶"形成断块油气藏;油气运移期之后,在断层停止活动后的油气聚集过程中,由于断层能够对油气进行有效的侧向封堵,运移通道中的烃类逐渐向构造高点富集并形成断层遮挡油气藏,而构造低部位则往往只存在油气显示。因此,断裂的持续活动造成阶梯式组合中各级"台阶"富含油气,受油源控制,这一模式中由低往高油气聚集量逐渐增加。

在埕岛东部斜坡主要油气成藏期,断层不发育或活动性较差,油气以侧向运移为主,垂向运移能力较差,最大湖泛面起到了封存箱顶界面的作用,油气主要集中在 Ed_3^2—Ed_4 砂层组。埕岛东部斜坡馆陶组和埕岛油田主体具有相似的沉积特征和储盖组合,但由于本区发育的主要断层埕北 30 北断层、埕北 8 北断层及胜海 10 断层在主要油气成藏期活动性较差,油气未能大规模沿断层向上运移,只有在与断层相连的圈闭中才能聚集成藏。

对斜坡带的埕北 8、胜海 8 及断裂带的埕北 32 和埕北 321 等获得工业油流的井进行分析,发现它们均以浊积扇或扇三角洲砂体为储层,砂体以断层(包括主断层及其分支断层,以及与不整合面相接触的次级断层)或不整合面为油气运移通道,侧向以岩性变化或断层为遮挡条件而成藏,东部斜坡超覆线以内油气最为富集。因此,断层及不整合面是成藏的重要因素。对于埋深在生油门限以上的砂体,断层或不整合面是成藏的必要条件;对于埋深在生油门限以下的砂体,与断层或不整合面配置对成藏更为有利(图 7-4)。

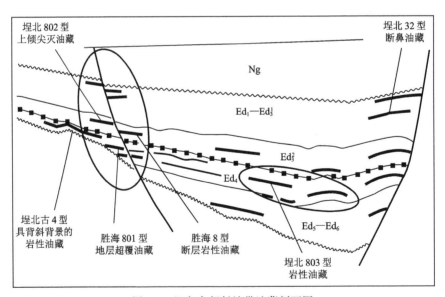

图 7-4 埕岛东部斜坡带油藏剖面图

三、埕岛东部斜坡带勘探潜力分析

根据以上认识,分不同的成藏动力系统和不同的成藏控制因素说明该区勘探潜力。

1. 古近系成藏动力系统内部油藏

从埕北古 4、埕北古 32、埕北古 321 等井情况来看,砂体均发育于有一定构造背景(或断鼻)的部位(图 7-5),该类砂体油气富集,产能高。埕北 8、埕北 806、埕北 803、胜海 8、胜海 10 等 7 口井均发育于构造背景上的砂体,根据胜海 8、埕北 8、埕北古 4 井上报探明储量的情况,各含油砂体的含油高度为 110~150 m,油气未充满整个砂体。储集砂体分布范围内的相对高部位或砂体的上倾部位对油气聚集最为有利。同时,具有背斜形态的砂体易于成藏,如埕北 32 井区。斜坡坡折带和沟谷地形对储集砂体分布具有控制作用,使得低部位砂体厚度大,而高部位砂体很薄或不发育。如果从砂体的分布和油气成藏两方面来考虑,构造高部位和低部位都不是岩性油气藏勘探的最有利位置,而位于构造高部位与沟谷等低部位之间过渡的斜坡位置可能是寻找砂岩上尖灭和地层超覆油气藏的有利位置。

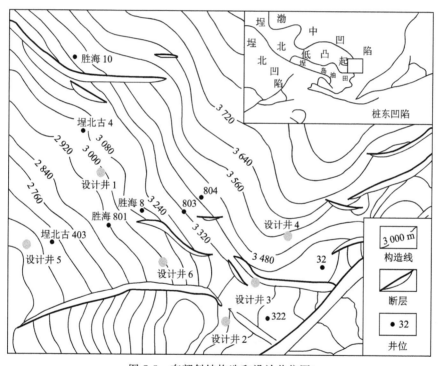

图 7-5 东部斜坡构造和设计井位图

目标区 1:第一坡折带

埕岛东部斜坡地区东营组沉积后期,渤中凹陷的东营组下部及沙河街组烃源岩埋深在 2 800~5 000 m 之间,已处于生烃高峰期。斜坡带粗碎屑岩相相对发育,是油气排烃压力释放的重要区带,成为主要的排烃指向。斜坡带的不整合面及断层的活动也是油气排烃的重要指向。烃源岩中生成的油气沿不整合面、粗碎屑相砂体向斜坡高部位的低势区运移,至斜坡带地区进入下坡折带各种水下扇、浊流、滑塌浊积扇等储集性砂体中或潜山风化面溶洞、裂缝中,遇断层则垂向运移至各储集砂体内再横向运移,如上倾方向有泥岩等非渗透性地层或断层遮挡,则聚集成藏,形成各种岩性油藏、地层超覆油藏、岩性-构造油藏等。受坡折带及胜海 8 断层活动影响,东 6 期发育滑塌浊积扇砂体,断层早期是活动的,充当了油气运移的通道,后期又作为侧向遮挡而形成本区的构造-岩性油藏。

目标区 2:第二坡折及洼陷带

第二坡折以下为洼陷带,常发育有浊积扇。埋深在生油门限以下的砂体易于形成自生自储的岩性油藏,近油源是形成滑塌浊积扇砂体成藏的有利条件,如果与断层或不整合面配置,则对于成藏更为有利。

2. 古潜山成藏动力系统内部油藏

根据油源对比结果,来自渤中凹陷的油气在古潜山成藏动力系统内已经运移到埕北 20 古断层一带,古潜山成藏动力系统内圈闭形成时间较早,可以长时间接受来自渤中凹陷生成的油气,埕岛地区古近系与前新生界之间发育的大型区域不整和面是渤中凹陷生成的油气向埕岛东斜坡地区侧向运移的重要通道。油气运移以横向运移为主,且通道畅通,剥蚀面被断层切穿,断层侧向遮挡,油气聚集形成潜山油气藏。该成藏动力系统内具有一定的勘探潜力。

第二节 桩海地区油气成藏动力系统评价

桩海地区紧邻埕北凹陷、桩东凹陷等生油凹陷,构造上位于埕北断裂带、埕北 30 及长堤潜山披覆构造带与桩东、埕北及孤北凹陷等构造单元的交汇区域,有利勘探面积约为 250 km²。目前桩海地区已发现太古界、下古生界、中生界、古近系沙河街组和东营组、新近系馆陶组 6 套含油层系,是一个典型的复式油气聚集区。

一、桩海地区网毯式油气成藏体系

2003 年,张善文等根据济阳坳陷新近系油气成藏特点提出了"网毯式油气成藏体系"的概念。其中,"网"包括油源网和聚集网,前者由断裂和不整合面组成,位于成藏体系的下部,后者由断裂和连通的砂砾岩体组成,位于体系的中上部;"毯"是指在连接油源网和聚集网稳定分布的仓储层中形成的"毯状"油气聚集层,该层位于体系的中部。仓储层各期蓄积的油气既可在仓储层中发散运移,又可沿次级断裂网汇聚式运移进入上部的油气聚集网层,再沿砂体、断裂等输导网络运移,在有圈闭条件的部位形成油气藏。网毯式油气成藏理论体系作为近几年发展起来的油气成藏理论,突出了仓储层的特征及成藏作用,扩大了寻找他源型隐蔽油气藏的领域。埕岛地区新近系油气藏为典型的网毯式油气成藏模式。

在桩海地区,新近系油气来自古近系的烃源岩或已形成的油气藏,油源通道网层由古近系中的断裂和不整合面组成,长期活动的油源断裂规模、活动期次与烃源岩的成烃期次的匹配关系是新近系烃源充足与否的关键;仓储层由新近系馆陶组下段稳定分布的块状砂砾岩(俗称馆陶块砂)组成,主要作用是暂时蓄积被输送上来的古近系油气,如果其中有岩性圈闭,可形成隐蔽油气藏;油气聚集网层为馆陶组上段—明化镇组,由仓储层输送来的油气以汇聚式运移,在被浅层断裂串通的砂岩透镜体中聚集,形成构造或构造-岩性油气藏。

根据地震、录井及测井等资料,桩海地区新近系可划分为一个一级层序,馆陶组和明化镇组各为一个二级层序。馆陶组下段为低位体系域,主要为冲积扇、辫状河相含砾砂岩、砾状砂岩夹薄层泥岩,构成巨厚块状地层,在埕岛地区呈毯状分布。馆陶组上段为退积体系域和高位体系域沉积,自上至下由砂岩夹泥岩渐变为泥岩夹砂岩或"泥包砂",下部Ⅵ和Ⅴ砂层组具有辫状河沉积特征,上部Ⅳ和Ⅴ砂层组为曲流河沉积。在明化镇组的洪泛平原沉积中,下部泥岩段的透镜状砂岩为主要含气层。明化镇组和馆陶组顶部的泥岩是区域性盖层,馆陶组上段各砂层组之间的泥岩可作为局部盖层。馆陶组上段和明化镇组的砂体呈透镜状或树枝状处于泥岩之中,构成的岩性圈闭只要有断裂或以冲刷叠加形式与下伏仓储层沟通,就能形成油气藏。

油源通道网层中存在将古近系与新近系沟通的油源大断裂,油气聚集网层中存在将透镜状砂体串通的次级断裂网,是埕岛地区新近系网毯式体系聚集古近系油气成藏的前提和关键。新近系油源大断裂大都继承性活动至明化镇组沉积期,一般向下切入古近系烃源岩,其幕式活动是油气多次进入新近系的动力。这些将新近系与古近系沟通的大断裂类似于单向抽水管道,当欠压实烃源岩内的流体压力增大到一定程度时,垂向有效应力降低,使断裂开启,古近系的油气便在很短的时间内向断裂快速运移汇集,被断裂直接输导到上覆新近系仓储层;一旦古近系流体压力达到新的平衡,断裂停止活动而重新关闭,其"单向阀"作用阻止流体向古近系回注。古近系烃源岩内的砂体也起"仓储"作用,积蓄原生油气,若砂体与断裂下方连通,砂体在断裂活动期向上释放油气和压力;断裂停止活动后,砂体与周围烃源岩又产生一定压差,油气可再次积蓄于砂体中,在下一次断裂活动期再被输送到浅部。

桩海地区馆陶组上段树枝状分布的透镜状砂体连通性差,存在将它们沟通起来的砂体-断层输导网络是网毯式成藏体系形成油气藏的关键。当断裂不活动封闭时,油气在馆陶组下段仓储层内沿不整合面和砂层呈发散式运移,可在仓储层边缘和斜坡带砂体上倾部位聚集;一旦油气聚集网层断层活动开启,油气运移就转为汇聚式,并沿断层快速向上注入被断层串通的不同层段砂体中。馆陶组内部次级断层与众多油源断层是油气垂向运移的主要通道,不整合面与馆陶组下段砂砾岩层则是油气侧向运移的主要通道,它们共同构成油气运移三维网络。断裂的周期性活动导致油气在被断裂连接的砂体中不断运移,一般断裂活动到哪个层位,油气就能运移到哪个层位,只要具备较好的盖层及封堵条件,就有可能在有利部位形成油气藏。

桩海地区油气聚集成藏的时间主要为渐新统东营组沉积末期—新近系明化镇组沉积期。该带新生代构造受长堤断裂和埕北断裂2个构造体系共同制约,以东西向断层为主,其中顺向断层多为早期产生的同沉积断层,反向断层多为后期活动的伴生断层。早期断层落差大,活动期长,大都活动至新近系明化镇组沉积期,它们一方面控制了潜山披覆构造、滚动背斜构造、断块-断鼻构造等的形成与分布,另一方面沟通了深部烃源岩与古近系储集体,使该带新生界具备了较为优越的成藏条件。根据区域盖层对流体油气垂向运移的封闭作用和油源对比的结果,将桩海地区划分为埕北凹陷—新近系成藏动力系统、埕北凹陷—古近系成藏动力系统、埕北凹陷—古潜山成藏动力系统、桩东凹陷—新近系成藏动力系统、桩东凹陷—古近系成藏动力系统和桩东凹陷—古潜山成藏动力系统。桩海地区油气在从烃源岩到圈闭的过程中先后经过了不同类型的运移通道,输导体系并非单一类型,而是由两种或几种运移通道组成的复合型输导体系。复合型输导体系主要有3种类型:岩体-断层-不整合面输导体系、岩体-断层输导体系和岩体-不整合面输导体系,其中第一类广泛分布。由于构造和沉积特征的差异,在不同地区的运移系统内复合型输导体系体现出不同的油气运移通道组合形式,有效输导体系的分布特征也存在较大的差异。

1. 渤中凹陷—桩海北部有效输导体系

渤中凹陷向埕北30潜山带北段和埕岛潜山带东坡供油的有效运移通道包括凹陷中的砂体、断层、不整合系统以及潜山中的高孔渗地层,其中断层包括桩古20西断层、埕北30西断层和埕北30潜山上北东向小断层。桩古20西断层和埕北30西断层的断面与烃源岩大面积接触,而且潜山地层孔、渗性好,因而此系统内输导体系质量好,有效运移通道平面分布范围大,油气波及范围大。

2. 桩东凹陷—桩海东部有效输导体系

桩东凹陷油气向桩海地区的运移通道包括凹陷中的砂体、断层、不整合系统以及潜山中的高孔渗地层。长堤走滑断层及其周围北东向正断层断面与凹陷中砂体大面积接触,因而可在该区形成大范围的有效运移通道。油气在该有效通道内可向西通过埕北30南断层运移至埕北30潜山带南段的圈闭中并聚集成藏,如埕北302井区和埕北303井区。埕北306井区西侧由于东倾逆断层的影响,不利于油气向西侧的埕北305—埕北304井区运移。埕北306—埕北307井区潜山南部埕北断层的长期活动可导致油气有效运移通道沿断层大面积分布,有利于油气向西运移至断层周围的圈闭中并聚集成藏,如埕北306井区、埕北304块、桩海10块等。但埕北断层在第三纪的持续活动同时也导致沿埕北断层的油气圈闭遭到不同程度的破坏,古潜山油气显示不好,甚至钻探出干井,但油气沿断层向上运移,在馆陶组聚集成藏,如埕北31区块。

3. 五号桩洼陷—桩海南部有效输导体系

由于五号桩洼陷烃源岩埋深较浅,因而该系统内油气向桩海104—桩古X47潜山、

L30 潜山带南部和桩西潜山运移的输导体系由凹陷中的砂体、断层、中生界、不整合系统以及潜山中的高孔渗地层组成,其中断层包括桩西北断层、桩西断层和潜山内部断层。

4. 埕北四陷—桩海西部有效输导体系

来自埕北凹陷的油气主要分布于桩海西部,油气运移的通道由凹陷中的砂体、断层、不整合系统以及高孔渗地层组成,其中断层主要是埕北断层及分支断层。断层断面与烃源岩大面积接触,而且地层孔、渗性好,因而该系统内输导体系质量好,有效运移通道平面分布范围大,油气波及范围大。由于埕北断层的持续活动,形成了古潜山、古近系和新近系油藏都沿断层分布的局面。

二、桩海地区油气富集规律和控制因素分析

1. 桩海地区古潜山油气富集规律

桩海地区古生界和太古界潜山发现了储量丰富且高产的油气藏,之上发育很多中生界和新生界油气藏,构成了一个含油层系多、油藏类型丰富、油气丰度高的大型复式含油气聚集带。

桩海古潜山是桩海地区最富集的含油层系,该带位于埕岛三排山向东南方向的交汇地带,应力集中,断层、裂缝发育,地层横向展布极不均衡,剥蚀、断剥、断失现象十分严重。桩海地区褶皱山、断块山、残丘山共存,地质结构复杂,潜山顶面以断块、断鼻为主要的构造样式,且古潜山处于渤中、桩东、埕北、五号桩等富生油洼陷之间。各洼陷的沙河街组或东营组烃源岩进入成熟或过成熟阶段,可以通过基底断层、次级断层或不整合面向桩海地区提供充足的油源。下古生界自上而下发育 4 个含油层组,即奥陶系八陡组—上马家沟组、下马家沟组、奥陶系冶里-亮甲山组—寒武系凤山组、寒武系府君山组,存在众多高产的风化壳油藏和潜山内幕层状油藏,储量丰富。多次构造运动改造使该区下古生界发育有八陡组、上马家沟组、下马家沟组、冶里-亮甲山组等多套储集层。该区的油气运移方向与储集体产状的关系间接控制古潜山油气藏的规模,同向充注容易形成大规模的油气聚集,反向充注形成的油气藏规模则较小。成像测井地层倾角表明,桩海 102—埕北 306 井一带下古生界均向北东倾伏,埕北 39 井地层近东西倾向,与下古生界顶面构造走势吻合较好,该带风化壳及内幕储集层低部位与烃源岩接触,油气运移方向与储集层上延方向相同。此种成藏模式易于形成大规模的油气聚集;老 301、老 292 井下古生界为北西倾向,也与下古生界顶面构造走势吻合较好,来自埕北凹陷的油气的运移方向与储集层上延方向相同,因此油气富集。桩古斜 47 井区下古生界顶面及地层同样向北东倾伏,但油气来自南部埕北凹陷,油气必须首先充满高部位,然后才能向低部位充注,油气运移方向与储集层下倾方向相同。此种成藏模式形成的油气藏规模往往不如前者(图 7-6)。

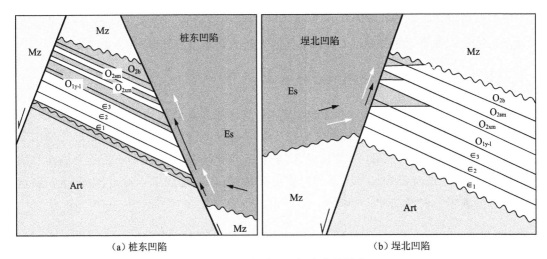

（a）桩东凹陷　　　　　　　　　　　　　（b）埕北凹陷

图 7-6　充注方式对油气成藏的影响

2. 桩海地区古近系油气富集规律

古近系含油结构层系具有储量优、产能高、局部富集的特点,油气主要分布在基底断层两侧及斜坡带,在沙河街组、东营组均有发现。纵向上,新生界油气主要分布于东营组、馆陶组,其次为沙河街组;横向上,由于埕北断层在新生代发生扭裂,形成 3 条以上的分支断层,因而形成各分支断层不同的油气分布特征及控制因素。其中,埕北断层西段以馆陶组含油为主,东营组和沙河街组也见油气显示;中东段主要以东营组和馆陶组下段为主力含油层段。埕北断层中、西段馆陶组上段Ⅰ+Ⅱ—Ⅵ砂层组均含油,而东段以馆陶组上段Ⅳ—Ⅵ砂层组—馆陶组下段上部含油为主,即自西向东含油层位逐渐变老,含油层系逐渐增多(图 7-7)。分析原因主要有以下 2 个方面:

(1) 储盖组合控制东西向馆陶组油气分布的差异。

受区域沉积条件控制,该区馆陶组发育多套有利的储盖组合。桩海地区馆陶组上段Ⅳ砂层组及馆陶组下段上部泥岩明显增多,比西部地区多发育两套储盖组合。该区出油井大多分布于受控断层的上升盘,Ⅴ砂层组以下的储层通过断层对应的是下降盘较新的层段,泥岩含量相对减少,封堵有利,而下降盘的储层对应的是上升盘大套的块砂,封堵当然不利,如果断层能活动到Ⅴ砂层组以上,则下降盘的储层有可能成藏。馆陶组上段的Ⅵ砂层组发育辫状河的大套块砂,Ⅵ砂层组底部往往发育较好的泥岩,块砂既可作为输导层,又可作为储集体,而馆陶组下段的油气多分布于中上部,馆陶组下段除了底部发育100 m 左右的块砂外,其中部和上部均以良好的砂泥间互型储盖组合为主,泥岩含量平均60%,砂岩含量平均 40%,砂岩含量明显少于西部老河口地区,泥岩单层厚度可达 40 m,可见其间的泥岩显示出重要的盖层作用,故油气分布于馆陶组上段的下部—馆陶组下段的上部。由此可见,储盖组合控制东西向馆陶组油气分布的差异。

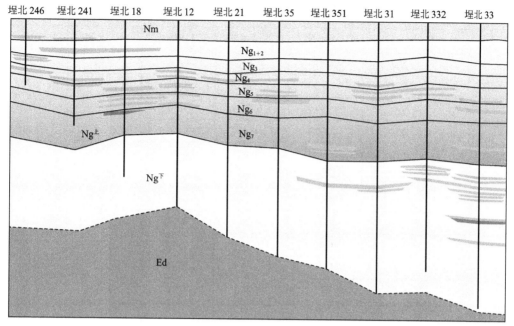

图 7-7　桩海地区埕北 246 井—埕北 33 井油藏剖面图（近东西向）

（2）断层活动强度决定了油气运移的层系。

桩海地区馆陶组油藏主要位于埕北断层东段、埕北 30 南断层、长堤断层的断裂带内。整体属于凸凹过渡带，但断裂发育，地质块体破碎，成藏复杂，主干断裂为北东及近东西走向。主断层下降盘均发育众多派生断层，断裂系统十分复杂。自东向西发育桩 136—埕北 15 断鼻构造和桩海 11—埕北 33 断鼻构造。这 2 个构造高带被众多断层复杂化，分别由多个断块、断鼻构造连接而成，构成该区的主要构造样式。目前该区已发现桩斜 139、埕北 31 等含油构造。断层活动强度决定了油气运移的层系，断层活动强度大，运移能力强，到达的层位就浅，东部油气来自桩东凹陷，受长堤断层和埕北断层的共同影响；西部油气来自埕北凹陷，主要受埕北断层影响。桩海地区油气聚集成藏的时间主要为渐新统东营组沉积末期—新近系明化镇组沉积期，从桩海地区主要控油断层活动速率来看，在成藏早期，桩海地区发育的主要断层活动性都较强，在馆陶组沉积后，只有埕北断层活动性较强（表 7-1）。目前桩斜 136,137,138,139 和 142 等几口井在该层段获得工业油流的井所依赖的断层落差 T_1' 都在 40 m 以上，一般在 40～80 m 之间，Ⅳ砂层组以上的泥岩厚度在 50～60 m 之间，小于 40 m 断层的油气运移能力变差，难以突破这么厚的盖层，故Ⅴ砂层组以上的储层几乎无油气显示，即油气难以到达，而埕北断裂带断距在 60～100 m 之间，故油气自馆陶组下段上部—馆陶组上段的Ⅲ砂层组均有分布，如埕北古 3 馆陶组油藏。

桩海地区是一个多层系含油的大型油气富集带，馆陶组上段的河道砂体油藏、馆陶组下段的构造油藏，古近系的陡坡扇和滩坝沉积以及古潜山油藏都是下一步的重要勘探方向。从区域上看，长堤断层和埕北 30 南断层是 2 条长期继承性活动的大断层，主控前新生界的油气聚集，同时也对馆陶组油气运聚起到有利的影响。这 2 条断层与各自的次级

表 7-1　桩海地区主要控油断层活动速率和生长指数对比表

断　层		埕北30北断层	埕北30南断层	埕北断层东段	长堤断层	桩西北断层
断层活动速率 $v_f/(\text{m}\cdot\text{Ma}^{-1})$	Nm	0.00	0.00	0.00	0.00	0.00
	$Ng^{\text{上}}$	0.00	0.00	1.25	0.00	0.00
	$Ng^{\text{下}}$	0.00	0.00	3.50	0.00	0.00
	Ed	3.57	14.29	2.86	26.43	14.29
	Es_1	10.00	24.00	8.00	192.00	20.00
	Es_{2-4}	5.85	2.31	9.23	15.38	2.92
	Mz	2.27	1.53	9.23	8.06	2.19
	Pz	0.00	0.00	0.00	0.00	0.00
生长指数 GI	Nm	1.00	1.00	1.00	1.00	1.00
	$Ng^{\text{上}}$	1.00	1.00	1.04	1.00	1.00
	$Ng^{\text{下}}$	1.00	1.00	1.05	1.00	1.00
	Ed	1.05	1.32	1.05	1.40	1.13
	Es_1	1.18	1.14	1.18	2.37	2.00
	Es_{2-4}	2.58	1.52	2.33	2.69	1.32
	Mz	3.37	1.52	1.47	3.19	1.24
	Pz	1.00	1.00	1.04	1.00	1.00

断层之间的构造部位是有利的油气聚集区。同时根据该区馆陶组的油气分布特征和控制因素分析,桩海地区馆陶组下段和古近系具有较大的勘探潜力,是下一步的重要勘探方向。

3. 桩海地区古近系油气成藏特征

桩海地区油气来源复杂,主要以断层为油气运移通道,表现为他源-断裂带式成藏模式,具有多源供烃、多期充注的特点。其主要成藏期为渐新统东营组沉积末期—新近系明化镇组沉积期,断裂较为发育,垂向和侧向运移能力均较强。该带紧邻埕北凹陷、桩东凹陷等生油凹陷,形成了古生界—中生界—古近系—新近系多层系含油的大型油气富集带(图 7-9)。地化资料表明,桩海潜山的油气来自不同生油凹陷。桩海102—埕北39井一带的油气主要来自东部的桩东凹陷,原油成熟度较高,原油性质较好,其油气藏具有如下特点:原油密度小于 0.83 g/cm³,黏度小于 3 mPa·s,气油比高(大于 200 m³/t)、产量高(大于 80 t/d);老301块的油气来自西部的埕北凹陷,桩古斜47、桩海104块的油气则来自南部的孤北凹陷,其原油性质较桩东凹陷差,原油密度大于 0.83 g/cm³,黏度大于5 mPa·s。该带新生代构造受东(长堤断裂)、北(埕北断裂)2个构造体系共同制约,以东西向断层为主,其中顺向断层多为早期产生的同沉积断层,反向断层多为后期活动的伴生断层。早期断层落差大,活动期长,大都活动至新近系明化镇组沉积期,它们一方面控制

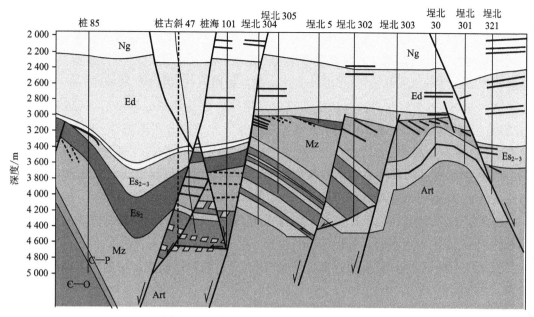

图 7-8　桩海地区他源-断裂带式成藏模式

了潜山披覆构造、滚动背斜构造、断块-断鼻构造等的形成与分布,另一方面沟通了深部烃源岩与古近系和新近系的储集体,使该带新生界具备了较为优越的成藏条件,后期的伴生断层对油气在储层内的运移既起到了输导作用,又控制了油气的成藏规模。

桩海地区西部为埕北凹陷南斜坡,大断层少,油气聚集主要受岩性及地层(地层超覆、裂缝)控制,东部断块结构复杂,油藏类型为构造油藏(断块、断鼻等)和地层油藏(地层超覆、残丘)。该区油气成藏具有如下特征:

第一,含油层系自西向东逐渐增多。该区西部油藏主要为浅层岩性圈闭,封堵条件要求高,因此含油层系比较单一,油层集中分布在 Ng_2 和 Ng_3 砂层组;中部、东部由于断裂系统复杂,断层持续性活动,使油气垂向运移活跃,沿埕北断层下降盘,自西向东,东营组、馆陶组含油砂体逐渐增多,含油层段埋深逐渐增加。例如,中部油藏以 Ng_6 和 Ng_7 砂层组为主,兼有东下段顶部及中生界油藏;东部则过渡为馆陶组下段油藏、东营组油藏及沙河街组、中生界、古生界油藏。

第二,东部馆陶组出现稠油。该区馆陶组地温梯度高,为 $(3.7\sim5.1)℃/100\ m$。凹陷内形成的原生气在馆陶组聚集成藏,之后在高温条件下容易脱气形成稠油油藏。由于在棋盘格式断裂体系中的近东西向断裂具有张性特点,断层对油气封闭作用较差,轻质油易沿断裂逸散,所以断裂越发育,距离断层越近,油质就越稠。老 161—老斜 901 井以东地区是构造运动由平稳变为剧烈并开始出现大量断层的转折带,也是原油性质开始变化的过渡带。

明化镇组棕红色和灰绿色泥岩为馆陶组盖层,深 $800\sim120\ m$,厚 $300\sim550\ m$。由于埋藏泥岩黏土矿物的粒间孔隙中值半径大,封闭性相对较差,因此被其封堵的油气藏中的轻质组分散失量较大。泥岩盖层西厚东薄,原油密度由西向东呈逐渐增大趋势(0.95~

0.98 g/cm³),黏度由西向东、由北往南也逐渐增高(920~1 000 mPa·s)。

第三,气藏分布受油源条件和饱和压力控制。该区气藏分布具有明显的地域性,首先受油源条件控制。西部桩 106 地区明化镇组、馆陶组存在气层气,甲烷含量高(99.4%),相对密度低(0.556 3),为干气;东部长堤地区则存在溶解气,甲烷含量低(59.65%),相对密度高(0.875 8),为湿气。油气从生油气母岩中排出或从油藏中脱出后,从凹陷内部到边缘经过长距离运移、扩散,在层析作用下乙烷等大分子成分逐渐减少,甲烷相对增多。其次,气藏分布受饱和压力控制。馆陶组油藏埋深浅,地层为常压系统,饱和压力只有6.9 MPa,原始气油比只有 17 m³/t,溶解气不易在油藏内脱气而形成气顶气藏。只有在特殊条件下,原油才可能在储层内部分脱气,并向更高构造部位运移。因此,桩海地区尽管勘探成果丰富,但其压力系统决定了明化镇组、馆陶组不会形成大规模气藏,只能形成分布面积小、圈闭幅度小的含气砂体。

根据以上认识,建议分不同区带、不同成藏动力系统和不同成藏控制因素在该区勘探部署。

三、桩海地区发展方向

桩海地区的油气主要来源于桩东凹陷和埕北凹陷,古潜山是最富集的含油层系,含油高度达 1 300 m(图 7-9)。该带位于埕岛三排山向东南方向的交汇地带,应力集中,断层、裂缝发育,构造十分复杂,由于受多期构造运动的影响,地层的横向展布极不均衡,剥蚀、断剥、断失现象十分严重。褶皱山、断块山、残丘山共存,地质结构复杂,潜山顶面以断块、断鼻为主要的构造样式。桩东、5 号桩等富生油洼陷的沙河街组或东营组烃源岩进入成熟或过成熟阶段,可以通过基底断层、次级断层或不整合面向桩海地区提供充足的油气。多次构造运动改造更使该区下古生界发育有八陡组、上马家沟组、下马家沟组、冶里-亮甲山组等多套储集层。

桩海地区油气富集,新生界及中古生界潜山均有井获得高产。馆陶组上段油层集中在 1 350~1 600 m,分布范围广,以 1 500 m 深度为界,上部油层以岩性油藏为主,下部油层则以构造油藏为主,但多为稠油。馆陶组下段油层集中在 2 000~2 200 m,圈闭面积小,但产能高。东营组上段是该区的重要含油层系,其特点是圈闭幅度低,含油砂体薄层高产。下伏高位体系域中晚期储层发育,沿其上倾方向被不整合面遮挡,在上覆泥岩的封盖下,形成地层不整合油藏;湖侵体系域储层不发育,主要分布在不整合面的局部构造高点上,在泥岩的包裹下可形成岩性-构造圈闭。

1. 古潜山成藏动力系统内部油藏

桩海地区东部古生界和太古界潜山发现了储量丰富且高产的油气藏,之上发育众多的中生界和新生界油气藏,构成一个含油层系多、油藏类型丰富、油气丰度高的大型复式含油气聚集带。太古界潜山油气主要分布在埕北 30 潜山带,已上报探明含油面积 17.3 km²,

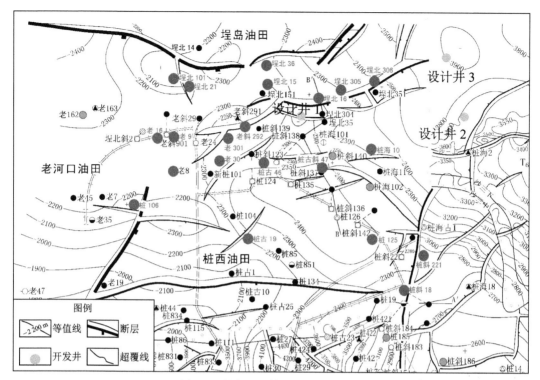

图 7-9 桩海地区构造和设计井位图

石油地质储量 $1\,727\times10^4$ t。下古生界是桩海潜山的主要含油层系，自上而下发育 4 个含油层组，即奥陶系八陡组—上马家沟组、下马家沟组、奥陶系冶里-亮甲山组—寒武系凤山组、寒武系府君山组，存在众多高产的风化壳油藏和潜山内幕层状油藏，储量丰富。中生界潜山与古生界相比，埋藏浅，与古近系烃源岩的接触范围比下古生界更为广泛。由于中生界长期遭受剥蚀、风化淋滤作用，使中生界形成丘状隆起古地貌，古近系东营组及沙河街组泥质岩披覆其上，形成了良好的盖层条件，利于油气聚集，具有较大的勘探潜力。

2.古近系成藏动力系统内部油藏

该区古近系为断陷湖泊沉积，纵向上在周围凹陷发育有 2 个较完整的沉积旋回，即沙四段—沙三段、沙二段—东营组，其特点是水体经历了浅—深—浅的变化过程，岩性上表现为粗—细—粗的变化。由于构造的继承性发育，古近系沙四段沉积期—东营组沉积早期，沉积范围由凹陷中心向隆起逐层超覆，直到东营组沉积中期才开始覆盖整个潜山构造带。古近系沙河街组—东营组下段沉积时主要为断陷湖盆沉积环境，沉积物多具近源堆积型的特点，相应形成了分布于凸起周围的规模较小的砂岩、砾岩或湖相碳酸盐岩储集体；东营组沉积中晚期局部物源区消失，发育区域分布的三角洲砂体和低弯度河流相砂体。这些砂体上、下叠合连片，形成了良好的储集空间，为油气富聚集高产提供了储集条件。油气藏的分布特征决定了其勘探潜力及目标评价。长堤北部、埕北断层东段均是有利勘探区带。

3. 新近系成藏动力系统内部油藏

桩海地区馆陶组油藏主要位于埕北断层东段、埕北 30 南断层、长堤断层的断裂带内，主干断裂为北东及近东西走向，主断层下降盘均发育众多派生断层，断裂系统十分复杂，自东向西发育桩 136—埕北 15 断鼻构造和桩海 11—埕北 33 断鼻构造。这两个构造高带被众多断层复杂化，分别由多个断块、断鼻构造连接而成，构成该区的主要构造样式。该区已发现桩斜 139、埕北 31 等含油构造。

受区域沉积条件控制，该区馆陶组发育多套有利的储盖组合。埕岛地区西部埕北断层西支上下两盘以 Ng_{1+2}—Ng_4 砂层组储盖组合条件最为有利，而桩海地区 $Ng_4^{\perp}$ 砂层组及 $Ng^{\top}$ 上部泥岩明显增多，比西部地区多发育两套储盖组合。

由于从区域上看，埕北断层、长堤断层和埕北 30 南断层是 3 条长期继承性活动的大断层，主控前新生界的油气聚集，同时也对馆陶组油气运聚起到有利的影响，所以这 3 条断层与各自的次级断层之间的构造部位应是有利的油气聚集区。

第三节 埕北凹陷带油气成藏动力系统评价

埕北凹陷位于埕子口、桩西和埕北凸起之间，是一个呈北西向展布的狭长凹陷带，呈北断南超的构造格局，它可以分为西部缓坡带、凹陷带和东北部断裂陡坡带 3 个构造单元。新生界沙河街组、东营组和馆陶组沿斜坡逐层超覆于前新生界剥蚀面之上。区内断层较少，构造简单，易形成以地层超覆和岩性为主的隐蔽油气藏。在该区南部已发现老河口、飞雁滩 2 个中型油气田，发现了沙河街组、东营组及馆陶组上段等多套含油层系。

第三系沙河街组、东营组和馆陶组沿斜坡逐层超覆于前第三系剥蚀面之上。埕北凹陷古近系烃源岩厚度大、有机质丰富、成熟度高，具有丰富的油源基础。老河口、飞雁滩油田的油气均来自本凹陷内的同源油气。根据廖永胜等的研究，埕岛油田过渡压力环境和静水压力环境的原油均来源于古近系烃源岩，但成熟度不同。上部静水压力环境的原油成熟度较高，原油甾烷 $C_{29}20S/20(S+R)$ 高达 $0.49\sim0.51$，相当于烃源岩在校正镜质组反射率 R_o 为 $0.78\sim0.82$ 时产出的原油，占总资源量的 90% 以上。2004 年陈永红和鹿洪友研究认为，埕北凹陷沙河街组烃源岩早期生成的油沿断层运移，在就近的储集部位充注，如潜山与东营组储层。随着烃源岩成熟度的进一步增加，生成的大量油气继续沿断层运移，在早期充注过的储集层部位受阻，向上继续运移至东营组上段—明化镇组储层内并聚集成藏。据研究，东营凹陷沙河街组烃源岩 C 转化率与等效镜质组反射率 VR_o 的对应关系大致是：C 转化率 $0.10\sim0.25$ 对应 VR_o $0.65\sim0.71$，C 转化率 0.70 对应 VR_o $0.85\sim1.0$。据此可以认为，埕岛地区首次大规模油气充注时间在距今 $2\sim5$ Ma 期间，上部静水压力环境油气充注时间在距今 2 Ma 以后。此外，埕岛地区近邻的渤中凹陷烃源岩在距今 2 Ma 后也开始明显生烃，并可沿由断层、不整合面构成的运移通道运移。由于渤中凹陷斜坡烃源岩成熟度不高,仍处在低成熟阶段,生成的油气规模较小,主要聚集在近烃源岩的储集层,如古生代潜山,形成油气的地化性质与埚北凹陷烃源岩早期生成的油气类似。

一、埚北凹陷带封存箱的成藏分析

根据 Hunt 的研究,封存箱的成藏机理为:沉积物在沉积和埋藏过程中,由于周边被致密岩石(如石膏、盐岩、铝土层、致密泥页岩等)封隔,形成了与外界水动力环境相分隔、独立的流体压力系统;随着埋深增大、烃类的热演化程度升高及水的热膨胀作用等,流体压力也随之升高而形成异常压力,流体(油、气、水)被封闭其中而形成封存箱。在封存箱内部由于压力的驱使,流体首先聚集于箱内储层(输导层)中而形成油气藏。当封隔层因构造运动而产生固定裂口(如大型裂缝、断层等)时,则产生混相涌流,在箱外储层中形成油气藏;当地层压力大于封隔层的水力破裂压力时,则产生微裂隙,油气以脉冲方式向箱外运移、富集成藏,并伴随压力侵位,使原来并不超压的岩层逐步变成超压层,超压顶面也随之抬高。

埚北凹陷新近系及古近系的东营组上段为常压开放性流体动力系统,油气来自古近系的烃源岩,故形成了典型的常压开放性他源油气成藏动力系统;古近系封存箱系统具有典型的自生自储和超压特征,为超压封存箱型自源油气成藏动力系统;同时,超压封存箱通过幕式排放为浅层的新近系常压开放性他源油气成藏动力学系统提供油源及成藏动力。在超压封存箱型自源油气成藏动力系统中,油气来自本系统的泥质烃源岩,储集砂体多见异常高压,形成自生自储型生储配置关系。油气除了依靠油源断裂及微裂缝等进行幕式排放外,烃源岩在剩余压力的作用下向相邻储集层不断进行排烃和充注。在该系统中油气多在厚层泥质烃源岩包裹的浊积砂体中形成透镜状砂体岩性油气藏。超压体系还可以通过幕式排放向浅层输送油气。由于这种幕式排烃行为较常压稳流具有更高的能量,油气在剩余能量的驱动下可以进入常态下无法进入的圈闭内,为浅层油气成藏提供了动力条件,在埚北凹陷边部的新近系馆陶组上部和明化镇组下部河漫滩相泥质岩系包裹的部分砂岩透镜体中形成了岩性油气藏。超压流体的二次排放受断裂特征和超压共同控制,即断-压双控流体流动机制,超压的成藏物质效应和能量效应决定了新构造运动(或晚期构造运动)控制下的油气快速成藏。

埚北凹陷古近系烃源岩厚度大、有机质丰富、成熟度高,具有丰富的油源基础。老河口、飞雁滩油田的油气均是来自本凹陷内的同源油气。古近系各层系内广泛发育的各类沉积体直接深入烃源岩内,斜坡带古近系储层主要沿古地形沟谷及超覆带呈环状分布。砂体主要分布在超覆线附近,砂体与断层、不整合面相配合,上覆泥岩可作为良好的盖层,储层与上覆泥岩相配合可形成良好的储盖组合,根据"T-S"油气运聚模式,可以形成自生自储的岩性、地层超覆、构造等油气藏;根据网毯式油气成藏模式,本区馆陶组上段广泛的河道砂体具备形成岩性或构造-岩性油气藏的有利条件。根据凹陷内不同沉积体系及断层的活动期差异,该区油气成藏可分为 3 个成藏体系,即新近系河道砂油藏成藏体系、古近系斜坡带成藏体系和北部断裂陡坡带砂砾体成藏体系。

埕北断裂带西段整体为北西走向,在胜利探区内长度约 18 km,长期继承性活动,控制较厚的沙河街组沉积,具有形成富集油藏的油源条件。埕北断层为良好的油源断层,埕北凹陷油源可以顺断层向上运移,对埕北断层上下盘的断鼻、断块、滚动背斜构造进行充注,易形成丰度较高的油气藏。埕北断层是一条分隔埕北凹陷与埕北潜山披覆带的边界断层。埕北断层的下降盘为埕北凹陷,该断层长期继承性活动,直到明化镇组沉积后期才基本停止活动。它的活动一方面控制了潜山披覆构造、滚动背斜构造、断块-断鼻构造等的形成与分布,另一方面沟通了深部烃源岩与古近系储集体,使该带新生界具备了较为优越的成藏条件;后期的伴生断层既对油气在储层内的运移起到了输导作用,又控制了油气的成藏规模。根据以上分析,埕北凹陷包括箱外和箱内两大成藏体系。

(1)新近系河道砂油藏箱外成藏体系。

该成藏体系为网毯式成藏体系,馆陶组上段为主要的目的层,油层分布主要受岩性控制,其次受构造控制。单井油层厚度一般在 10 m 左右,砂体沿河道方向分布比较稳定,连续性较好,而在垂直于河道方向砂体变化大,两侧迅速减薄以至尖灭。单个砂体或者满砂含油,或者砂体的高部位为油、低部位为水,无统一的油水边界。砂体平面上油层叠合连片。埕北 12 井以西的埕北断层在新生代内长期继承性强烈活动,而埕北 12 井以东的埕北断层及渤南断层(西段)的活动强度与之相比较差,因而沙三段—沙一段披覆在潜山之上,泥岩厚度大,油气沿断面运移的突破压力大,运移程度差,从而形成了埕岛油田中西部为多层系含油,且以馆陶组上段最富集,而埕岛东部、埕北 35-埕北 36、桩海 11 等区块及埕北 30 潜山披覆构造带馆陶组上段虽有油气,但不如埕岛主体富集,而古近系及前新生界却相对富集高产的原因之一。埕北凹陷的主要排烃期和埕北断裂晚期频繁强烈活动相配合,使油气沿埕北断裂向上运移至馆陶组,然后沿大量次级断裂垂向运移和沿被断裂串通的透镜状砂体侧向运移交替进行,形成典型的网毯式成藏体系,造成埕岛油田主体馆陶组上段储油气丰度高,储量规模大。

(2)古近系箱内成藏体系。

陡坡带砂体因沉积、地形、构造运动、断裂活动等因素影响形成断块油气藏、断鼻油气藏、超覆不整合油气藏或上倾尖灭油气藏。埕北断层下降盘发育了分别来自埕岛低凸起的水下扇,期次较多,厚度较大,为较好的储集体,而埕北断层又是主要的油源断层,只要存在有效的构造圈闭,就能聚集成藏,即构造圈闭对油气起主要的控制作用。勘探目标应具备以下 3 项条件:① 整体包裹于油源岩中的浊积扇体成藏条件最好;② 背斜形态的扇体、鼻状构造、被断层切割的扇体油气最易富集;③ 扇三角洲前缘亚相、深水浊积扇的中扇亚相及河道亚相等最有利于油气富集,而扇根、扇端等亚相由于物性较差,不易成藏。

埕北断裂及埕岛主体构造带西侧为埕北凹陷,该凹陷中的古近系沙三段为主要的烃源岩,并通过埕北断层直接向构造带供烃,形成单凹陷-他源-断裂带式油气成藏模式(图7-10),其特点是:单向生烃凹陷供烃,多期充烃;油气沿断层以垂向运移为主,侧向运移为辅,运移距离较近;圈闭油气充满程度高,断裂带既是圈闭发育带,又是岩性变化带,断裂带控制油气聚集。由于埕北凹陷埋藏相对较浅,热演化程度相对较低,油气聚集以中等成熟的油气为主。油气充注期主要有2次:新近系馆陶组沉积末期为早期充注,新近系明化镇组沉积末期为第二期充注。两次主要的充注期均发生在新近系馆陶组上段大规模的披覆背斜圈闭形成之后,因此馆陶组上段储油气丰度高。由于馆陶组上段构造部位高,埋深浅(1 200~1 600 m),聚集后的油气遭到一定的生物降解和氧化,导致原油以稠油为主。

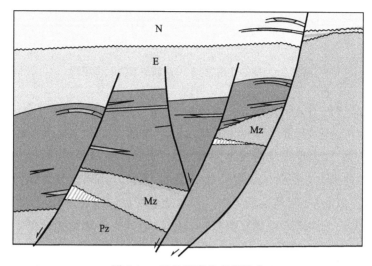

图 7-10 埕北断裂带成藏模式

二、埕北断层对埕北凹陷带油气成藏的影响

埕北断层为控制埕北凹陷的边界断层,长约 60 km,研究区内断层为北西向,长约 30 km,走向北西 310°~330°,倾角 40°~45°,断面呈铲状,新生界落差最大达 2 000 m。该断层前新生界为一连续断裂,古近系以上扭裂为多条左阶步雁行排列断层,主断层两侧又发育若干新生代派生次级断层。前新生界潜山被埕北断裂带切割后,形成北北东倾、北东低南西高的单面断块山,该断层控制了埕北凹陷古近系的发育,控制了中古生界断块山和古近系断块、断鼻等构造的形成,为油气的运移及圈闭的形成提供了必要的条件。研究区内还有 2 条大的伴生断层——胜海 5 南断层、埕北 4 南断层,这 2 条断层活动时间长(Es_3—Nm),落差较大(图 7-11),是控制陡坡带沙三段沉积的主要断层,断层断距随深度增加而增大,表明各时期构造运动不一致。从沙三段沉积期到馆陶组沉积期构造活动逐渐减弱,这对该区陡坡带的沉积类型分布起到一定作用。

埕北断层对本区的构造、沉积和油气分布及成藏都具有重要的影响:

(1)埕北断裂带发育的圈闭特征明显受埕北断层活动性控制。

埕北断层的下降盘为埕北凹陷,该断层长期继承性活动,直到明化镇组沉积后期才基本停止活动。在不同时期,平面上不同层段的活动性也有一定的差异。该断层的活动形

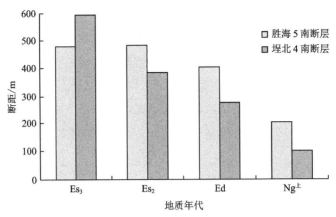

图 7-11　胜海 5 南、埕北 4 南断层新生代断距图

成了上、下盘各具特色的圈闭条件,其上升盘是以下部具有多层结构的潜山而上部以披覆构造为主的圈闭组合序列;而下降盘主要以由断层作用形成的一系列伴生构造为特点,这些伴生构造的形态、规模受控于断层不同时期、不同层段活动强度、活动持续时间以及古地形条件。北西向埕北断裂带的发育使此断层上、下盘分别以滚动背斜及潜山披覆背斜为主,断层中东段以断块、断鼻构造为主。埕北断裂西段沉积速率较快,断层完整,为第三系同沉积断层,是形成滚动背斜的必要条件。断层中东段活动受到南部近南北向构造体系的影响,断层复杂,派生断层增加,形成规模较小、数量多、沿断层呈“串珠”展布的断鼻、断块群。断鼻、断块构造构成了该区的主要构造样式,并且主断层控制形成的构造规模大,次级断层控制形成的构造规模小。

(2)断面边界类型控制沉积模式。

构造因素对岩性圈闭的控制作用主要体现在宏观方面,构造引起地形坡度变化的地方或者大断裂的下降盘,即沉积坡折带和构造坡折带是造成沉积物不稳定和易受触发而做块体运动的必要条件,在断裂边缘和地貌上形成的斜坡边缘,物源补给快速甚至有大量泥石流突发事件。构造因素控制了不同成因砂体的展布和富集,间接地影响了砂体的含油气性,特别是油气运移主要通道的大断层附近的砂体更有利于油气成藏。在盆地发展过程中,边界断层活动的继承性和不均一性使古断面呈现沟、梁相间的古地貌。沿着这些大大小小的沟谷,发育季节性河流,携带的沉积物经断崖入湖快速卸载,沉积形成砂砾岩扇体。断裂活动对油气聚集起重要作用,同沉积或早期断裂影响湖盆的古地形,并控制相应层序的地层、砂岩发育。

边界断裂倾角等产状特征导致断层宽缓程度不同,这控制了来源于北部凸起物源区的砂砾岩等粗碎屑物质的分布规律。板式断裂结构坡陡注深,砂砾岩体相带窄、垂向叠置厚;板式断裂坡度相对减缓,砂砾岩体相带有所增加,垂向叠置厚度有所减小,但由于沉降中心远离断层根部,必然导致部分砂砾岩体向该处搬运,发育较大规模的浊积扇或滑塌浊积扇沉积;断阶式和坡坪式断裂控制下呈现多洼多梁相间的地貌特征,形成多条平行或斜交的沟槽,这种地貌特征控制了砂砾岩体沉积成因较丰富、展布较宽。

整个埕北断面倾角为 20°～60°(图 7-12),按照断面形态又可划分为铲式、断阶式和坡坪式 3 种。

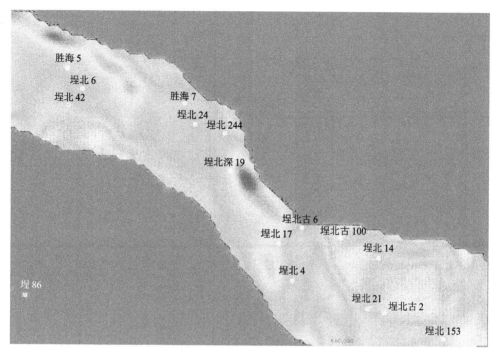

图 7-12　埕北断面倾角属性图

① 铲式:断面呈铲状,上陡下缓(图 7-13),沉积地形下凹,沉降中心位于深洼区。在断面转折处斜坡坡角发育近岸水下扇,在深洼区形成大型滑塌或深水浊积扇,这类断层主要在胜海 7 井附近发育。

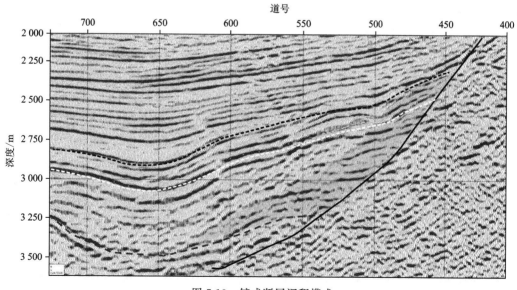

图 7-13　铲式断层沉积模式

② 断阶式:主断层周围形成多级断层,且台阶断层影响较大。在主断层根部发育近岸水下扇,二台阶断层下降盘发育滑塌或深水浊积扇,如埕北42井(图7-14)。

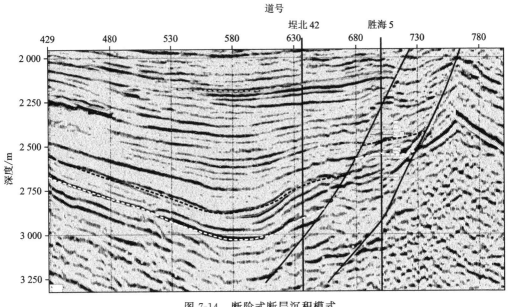

图 7-14　断阶式断层沉积模式

③ 坡坪式:受基岩侵蚀或上凸,形成一个或多个转折坡折带。在转折坡折带易形成浊积扇,在斜坡处形成近岸水下扇(图7-15)。

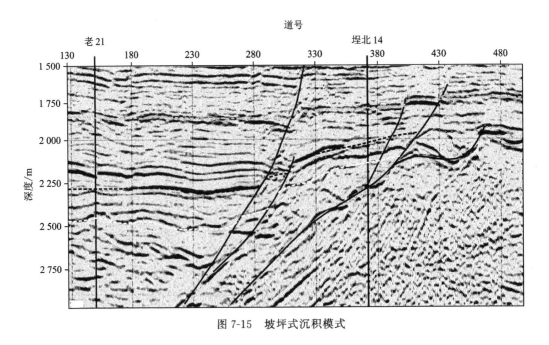

图 7-15　坡坪式沉积模式

断面陡则洼深,断面缓则洼浅。坡坪式与断阶式对应的大断面都较缓,虽然在可容空间形态上有所不同,但都在坡折的前方形成滑塌浊积扇。断面陡,近岸扇赋存空间小,形成大浊积扇小近岸扇;断面缓,近岸扇赋存空间大,形成大近岸扇小浊积扇。

边界断裂在控制古地貌和沉积、沉降中心的同时,必然对其中发育的扇体的垂向叠置规模和方式产生重要的影响。通过对埕北凹陷不同类型边界断裂发育区地震剖面和连井地层及砂体对比剖面的研究可以看出,在断阶式断裂结构区和坡坪式断裂结构区,由于台阶断层的活动,致使陡坡带断裂区宽度增大,断裂带控制范围也相应增大。若物源供给较为充足,则扇体横向延伸距离较大,通常可达 5～9 km,同时扇体叠置厚度相应减小,断阶区一般不超过 400 m。

（3）对油气分布和成藏的影响。

埕北断裂带纵向上可划分为 3 套含油结构层系:新近系、古近系及前第三系。埕北断层西段以馆陶组含油为主,东营组和沙河街组也见油气显示;中东段主要以东营组为主力含油层段。埕北断层西段受断层活动的影响,在断层上升盘发育胜海 4、埕北 11 两个东营组半背斜或背斜构造,以 Ed_1 和 Ed_2 砂层组含油为主,油气分布主要受圈闭规模、盖层发育和构造活动影响。埕北断层中东段派生断层丰富,与主断层相交或平行。断层两侧形成了古近系断块、断鼻及滚动背斜构造,控制了下降盘古近系东营组、沙河街组的油气分布。沙一段、东营组是该带的主要含油组段,其中东营组以 Ed_2^2 和 Ed_4 砂层组含油为主,以断块、断鼻及滚动背斜油藏为该带的主要油藏类型,其中以滚动背斜油藏油气最为富集。该带由于断裂发育,构造较为复杂,圈闭面积小,相应的含油面积也较小,侧向封堵条件和断层后期活动强度是制约该带古近系成藏的主要因素。

由图 7-16 来看,北次洼是主要沉积中心,沉积厚度最大,此处的埕北断层最陡,目前在该处所发现的油气主要为明化镇组和馆陶组的上部,而南次洼的坡度变缓,油气主要聚集的层位下降。这是因为断层越陡,油气纵向运移的压降越大,油气越倾向于在上部层位成藏。在埕北断裂带西段,断裂倾角较大,油气充注的能量较足,油气可能并没有通过馆陶组下段块砂进行二次分配,而是直接运移至明化镇组砂体成藏。

从现今垂向上的油气分布状况来看,位于上部成藏动力系统的油气藏占有的储量最大,这种分布特点主要由高压型复式温压系统的垂向动力特征决定。高压型温压系统内部能量较高,上、下两套温压系统间能量差大,油气垂向运聚动力充足,一方面可在其内部封闭性较好的圈闭中聚集成藏;另一方面,强烈的构造运动导致在上、下两套压力系统之间形成具有一定输导性能的断层,使油气可由下部高压成藏动力系统内部运移至上部静压成藏动力系统内部。因此,埕岛地区温压系统的纵向特征是造成目前油气垂向分布格局的动力学原因。然而,现今油气垂向分布特征与温压系统垂向特征也有着相背之处。现今温压系统上、下能量差异较大,说明下部压力系统保存较完好,而大部分成熟烃源岩都处于深部系统内,因此生成的油气应大部分被保存在下部高压成藏动力系统内,仅有有限的油气沿输导断层运移至浅层,但现今发现的油气却大部分位于浅部系统中。这个矛盾揭示了一个重要的勘探领域,即深层油气藏。

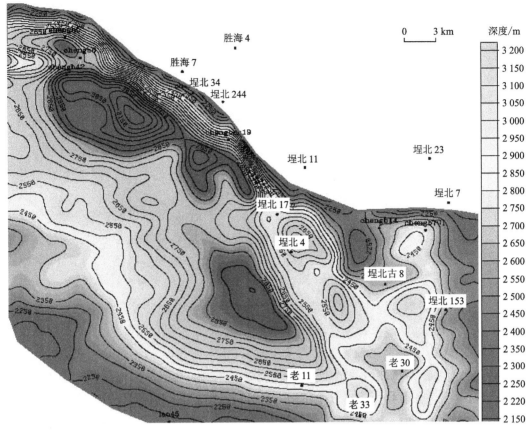

图 7-16 埕北凹陷沙三段沉积前古地貌图

三、埕北凹陷带勘探方向

通过以上分析,可以得出该区明化镇组成藏动力系统和古近系成藏动力系统都具有一定的勘探潜力。

1. 明化镇组成藏动力系统

明化镇组与下伏馆陶组之间属于过渡性质,无明显的沉积间断,但是在垂向上的岩性组合存在较为明显的变化。在该界面之下,自下而上砂岩的百分含量增加,砂岩的单层厚度逐渐增大;在该界面之上,以泥质沉积为主,砂岩的百分含量较馆陶组明显减少,而且砂岩单层厚度一般较小。埕北断裂为良好的油源断层,油气可以顺断层向上运移,对埕北断层上下盘的断鼻、断块、滚动背斜构造进行充注,易形成丰度较高的油气藏。

该区明化镇组以泥岩为主,夹薄层粉细砂岩,因此其横向和纵向上连通性较差。埕岛地区已完钻探井中在明化镇组有油气显示的探井均集中在断层附近,分析认为明化镇组沉积主要为泥包砂沉积类型,油气无法依靠“毯”进行横向运移,砂体在距离断层较近时,油气可以沿断层从下部层系运移上来,聚集成藏。只有与断层相接触的砂体才有可能成藏。只有断层沟通油源，即断层在明化镇组沉积时期仍很活跃，砂体和断层连通，明化镇组砂体才能成藏。同时油气充注方向和地层倾向也对明化镇组砂体成藏具有重要影响，同向充注容易形成大规模油气聚集，反向充注则形成规模较小的油气聚集。根据以上认识，对埕岛油田明化镇组进行砂体描述，结果也证实了断层附近砂体比较发育，是油气聚集的有利区；对整个明化镇组进行砂体追踪描述，共预测有利含油气面积为 $50\ m^2$。

2. 古近系陡坡带成藏动力系统

沿埕北断层发育大规模的近岸水下扇砂砾岩扇体和浊积扇，这些扇体邻近生油中心，成藏条件优越。近岸水下扇是近源快速堆积的产物，扇根部位岩性粗、单层厚度大，泥岩隔层较不发育，相带分布窄，储集物性较差，不利于成藏（埕北 24 井等就是钻遇了水下扇的扇根部位，钻井统计孔隙度 10%，渗透率 $89 \times 10^{-3}\ \mu m^2$），而扇中及扇端部位岩性较细，单层厚度小，泥岩隔层发育，储集的物性好，有利于成藏。扇前端由近岸水下扇进一步滑塌而成的蚀积扇，较之于近岸水下扇而言，搬运距离较远，相带展布较宽，岩性较细，具有较好的储集物性，也是有利的储集层，埕北深 19 井和埕北 42 井沙一、沙二段就是钻遇了这种浊积扇砂体的油藏。陡坡带扇体与烃源岩呈互层状接触，具有油源条件优越、储盖组合好、油藏规模大等特点，但由于砂砾岩体埋深大，成岩作用强，储层物性普遍偏差。钻探证实，扇体含油性主要取决于储集物性：储集物性好，则表现为油层；储集物性差，则表现为干层或非储层，基本上不含水。因此，储集物性应是控制扇体成藏的主要因素。深水浊积扇及一些具有滑塌性质的扇体深入到烃源岩之中，成藏条件最为有利；近岸水下扇直接与烃源岩接触，也是很好的储集类型；扇三角洲砂体一般不与烃源岩直接接触，成藏条件略差，但当通过断层使其生、储、盖配置得当时，也是好的储集类型；而靠近岸边的以红色沉积为主的冲积扇，物性差，远离油源，成藏条件差。

从油气成烃特征来看，区内砂砾岩体都具有近油源的特点，部分砂砾岩体直接与暗色烃源岩呈锯齿状交错接触。洼陷内生成的油气可直接运移到砂砾体中。据区域研究结果，与砂砾岩共生的具有成烃能力的烃源岩现今埋深一般为 2 500～4 000 m，已达到了生烃门限（2 200 m 左右），因此油源充足，这是本区油气藏形成的基础。从油气运聚规律来看，烃源岩生成的油气主要有 2 个运移方向：一是由生油洼陷向盆地边缘运移，二是由较深的储层向较浅的储层运移。油气从烃源岩中排出后向盆地边缘或浅层运移的通道有断层、储层和不整合面等。这一运聚规律说明正向构造体系是油气聚集最有利的场所。对于包裹在烃源岩中的砂砾岩而言，油气还有另一种运移方向，它可以直接进行初次运移后富集成藏，其成藏动力学类型为封闭型。

古近系各层系内广泛发育的各类沉积体直接深入烃源岩内，斜坡带古近系储层主要沿古地形沟谷及超覆带呈环状分布。砂体主要分布在超覆线附近，砂体与断层、不整合面相配合，上覆泥岩可作为良好的盖层，储层与上覆泥岩相配合可形成良好的储盖组合，根据"T-S"油气运聚模式，可以形成自生自储的岩性、地层超覆、构造等油气藏。根据分析，该处的砂砾岩扇体的勘探具有较大的潜力。此外，陡坡带扇体因沉积、地形、构造运动、断裂活动等因素的影响而形成以下 2 种类型的油气藏。

（1）水下扇构造-岩性油气藏：在盆地边缘部位的水陆过渡带附近（或断阶上）形成的水下扇、冲积扇、扇三角洲等扇体，储层发育，与构造背景配置，易于成藏。这类扇体一般不与烃源岩直接接触，而是通过断层、不整合面将油源区与地层圈闭沟通起来而形成油藏，如埕北 24 等井。

（2）上倾尖灭油气藏：主要发育在陡坡带的下半部，成因与背斜型油气藏相似，受地形条件的限制及物源的影响，扇体侧向尖灭，成藏条件好，如埕北深 19、埕北 42 等井。

3. 埕北凹陷内古近系自生自储成藏动力系统

埕北凹陷是一个富生油凹陷，发育沙三段、沙二段和沙一段等多套生油层系，烃源岩有机质丰度高、母质类型好、分布广泛且埋藏深，具备了多层系大量生烃的良好条件，成为本区油气聚集雄厚的油源基础。埕北凹陷古近系经历了断陷湖盆演化的阶段，发育南北两大物源体系和多种沉积类型，造成研究区储集砂体成因类型多样，在凹陷的周围和内部沙河街组有多种沉积类型，如近岸水下扇、扇三角洲、滩坝及浊积扇沉积，其中扇三角洲、滩坝、浊积扇砂体在南部斜坡带有所发现。南部物源的扇三角洲（老 45、老 451 等井）、滩坝（老 50 等井）及浊积扇（老 8、老 9 等井）砂体均有井钻遇并获得了高产工业油流。对于埕北凹陷内部古近系浊积扇砂体尚未取得大的突破。

生烃泥岩中的超压是砂岩透镜体成藏的主要动力，但在超压—充注平衡—再超压的过程中，能很快与砂体中的流体压力达到平衡并停止充注，因此单靠超压往往难以形成高丰度的砂岩透镜体油气藏。因此，砂泥岩间的毛细管压力差、烃质量浓度差产生的分子扩散力和盐度差产生的渗透压力都是油气向砂岩透镜体充注的动力。以各种相态进入砂体中的油气，最终能转换成游离相，形成烃柱高度，随着浮力的增加，不断驱使砂体中的孔隙水从烃-水界面处排出，从而促使含烃饱和度不断提高而成藏。

（1）生烃泥岩的质量与厚度。砂岩透镜体的烃源通常直接来自四周的生烃泥岩，而砂体成藏的动力也直接与生烃泥岩有关，因此其质量的好坏就成为能否成藏的关键。一般来说，有机质丰度高（有机碳含量大于 1%）、类型好的烃源岩，当其成熟时就可生成更多的烃类，这一方面可增加泥岩中的含烃饱和度和烃相运移的有效渗透率；另一方面可产生更高的生烃超压和烃质量浓度，从而提高充注动力和效率。砂岩透镜体四周的泥岩不仅是烃源岩也是封盖层，因此无论是为了提供充足的烃源，还是为了更好地保存聚集的烃类，生烃泥岩本身都要有一定的厚度。根据泥岩排烃厚度和方向可以推论，生烃泥岩的厚度至少应在 30 m 以上，而砂泥岩的厚度比至少在 1∶3 左右，即泥岩的厚度至少是砂岩厚度的 3 倍。显然，那种"薄皮馅大"的砂岩透镜体不仅烃源往往不足，而且充注的烃类也容易散失，因此最终难以成藏。

（2）砂岩透镜体的物性和产状。砂岩透镜体的孔、渗物性越好，不仅可以为烃类聚集提供更大的空间，还可以使烃类更容易充注，更容易富集形成高充满度的油气藏。若砂岩透镜体的孔、渗物性相对优于泥岩上、下相邻的砂岩层，则将有利于烃类更多地向砂岩充注。砂岩透镜体除了体积大小直接决定着工业性的油气聚集外(在烃源充足情况下),其产状对成藏也有很大的影响。扁平状的透镜体(长轴方向平行于海平面)不如竖直状的透镜体有利于成藏,这是因为在相同体积情况下,前者顶、底的高差不如后者大,结果前者顶、底间的压差小于后者,造成前者从砂体顶部排水的能力不如后者。另外,当充注烃量相同时,在扁平状透镜砂体中形成的烃柱高度小于在竖直状透镜砂体中的高度,结果由烃柱高度产生的浮力和对水的附加压力前者小于后者,造成从烃-水界面边部排水的能力前者低于后者,而孔隙水能否排出则是砂岩透镜体能否充注富集成藏的关键。通过大量的勘探实践发现,砂岩透镜体成藏与断层关系密切,大体上可分为2种情况:一种是生烃泥岩中的透镜体砂岩,当有断层穿过并与上、下砂岩层连通时,可以改变砂体的封闭状况而成为开放的水力体系,从而有利于孔隙水的排出和成藏;另一种是非烃泥岩中的砂岩透镜体,当有断层穿过并连通上、下生烃泥岩时,则主要起烃源充注通道的作用,并最终富集成藏(图 7-17)。目前所发现的砂岩透镜体油气藏大多属于这2种情况。

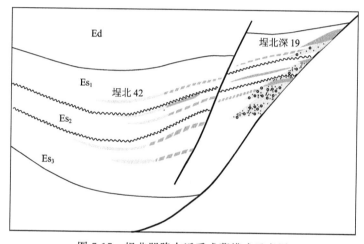

图 7-17 埕北凹陷古近系成藏模式示意图

总之,砂岩透镜体成藏是多种动力和多种相态相互作用及转换的结果,并非"近水楼台先得月",实际上比在构造圈闭中成藏更困难。

4. 埕东北坡古近系成藏动力系统

埕东北坡未处于埕北凹陷的主力油气运移方向上,后期断层活动性较差,完钻的埕东6和埕86井构造上既没有有效的断块、断鼻圈闭,又没有在有利的鼻梁构造上,因此这两口井未能钻遇油层。2007年1月完钻的埕中5井全井段未见任何油气显示,证明无论是埕北凹陷还是从车镇凹陷的油气都未运移到此处,馆陶组河道砂体不是主要的目的层系。该区的勘探应以古近系西部斜坡带成藏体系为主,其成藏类型和成藏控制因素与埕岛东部斜坡带类似。以沙河街组和东营组下段含油为特征,在南部的老河口地区已经有多井钻遇,埕东6井在沙河街组获得了低产油流。

参考文献

[1] 《胜利油田海洋开发公司志》编审委员会. 胜利油田海洋开发公司志[M]. 北京：石油工业出版社，2004.

[2] 李思田，王华，路凤香. 盆地动力学——基本思路与若干研究方法[M]. 武汉：中国地质大学出版社，1999.

[3] 李思田. 盆地动力学与能源资源——世纪之交的回顾与展望[J]. 地学前缘，2000，7(3)：19.

[4] 许红. 能源地球科学"动力学"研究的诸多进展[J]. 海洋地质动态，2000，16(6)：1-4.

[5] DOW W G. Application of oil correlation and source rock data to exploration in Williston basin[J]. AAPG Bulletion，1972，56：615.

[6] PERRODON A. Dynamics of oil and gas accumulations[J]. Pau. Elf Aquitaine，1983：187-210.

[7] PERRODON A，MASSE P. Subsidence sedimentation and petroleum systems[J]. Journal of Petroleum Geology，1984，7(1)：5-26.

[8] DEMAISON G. The generative basin concept[C]//DEMAISON G，MURRIS R J. Petroleum geochemistry and basin evaluation. AAPG Memoir，1984，35：1-14.

[9] MEISSNER F F. Petroleum geology of the Bakken formation，Williston basin，North Dakota and Montana[C]//DEMAISON G，MURRIS R J. Petroleum geochemistry and basin evaluation. AAPG Memoir，1984，35：159-179.

[10] ULMISHEK G. Stratigraphic aspects of petroleum resource assessment[C]//RICE D D. Oil and gas assessment-methods and applications. AAPG Studies in Geology，1986，21：59-68.

[11] MAGOON L B. The petroleum system—A classification scheme for research，exploration，and resource assessment[C]//MAGOON L B. Petroleum system of the United States. USGS Bulletin 1870，1988：2-15.

[12] DEMAISON G，HUIZINGA B J. Genetic classification of petroleum systems[J]. AAPG Bulletin，1991，75(10)：1 626-1 643.

[13] PERRODON A. Petroleum systems：Models and applications[J]. Journal of Petroleum Geology，1992，15(3)：319-326.

[14] MAGOON L B,DOW W G. The petroleum system:From source to trap[J]. AAPG Memoir,1994,60:3-24.

[15] MAGOON L B,SANCHEZ R M O. Beyond the petroleum system[J]. AAPG Bulletin,1995,79(12):1 731-1 736.

[16] MAGOON L B. 含油气系统研究现状和方法[M]. 杨瑞召,等译. 北京:石油工业出版社,1992.

[17] 杨瑞召,郑水吉. 国外含油气系统研究现状及研究方法综述[J]. 国外油气勘探,1992,4(6):77-84.

[18] 中国石油学会石油地质专业委员会. 中国含油气系统的应用与进展[M]. 北京:石油工业出版社,1997.

[19] 周庆凡. 油气地质系统[J]. 石油知识,1994(3):30-33.

[20] 胡朝元,廖曦. 成油系统概念在中国的提出及其应用[J]. 石油学报,1996,17(1):10-15.

[21] 朱夏. 论中国含油气盆地构造[M]. 北京:石油工业出版社,1986.

[22] 费琪. 成油体系分析[J]. 地学前缘,1995,2(3/4):163-170.

[23] 吴元燕,吕修祥. 利用含油气系统认识油气分布[J]. 石油学报,1995,16(4):17-22.

[24] 赵文智,何登发. 含油气系统理论在油气勘探中的应用[J]. 勘探家,1996,1(2):12-19.

[25] 费琪,等. 成油体系分析与模拟[M]. 武汉:中国地质大学出版社,1997.

[26] 赵文智,何登发. 中国复合含油气系统的概念及意义[J]. 勘探家,2000,5(3):1-11.

[27] 何登发,赵文智,雷振宇,等. 中国叠合型盆地复合含油气系统的基本特征[J]. 地学前缘,2000,7(3):23-37.

[28] 赵文智,何登发,池英柳,等. 中国复合含油气系统的基本特征与勘探技术[J]. 石油学报,2001,22(1):6-13.

[29] 中国石油学会石油地质专业委员会. 中国含油气系统的应用与进展[M]. 北京:石油工业出版社,2005.

[30] 赵文智,等. 中国含油气系统基本特征与评价方法[M]. 北京:科学出版社,2004.

[31] 田世澄. 论成藏动力学系统[J]. 勘探家,1996,1(2):25-31.

[32] 田世澄,毕研鹏. 论成藏动力学系统[M]. 北京:地震出版社,2000.

[33] 康永尚,郭黔杰. 论油气成藏流体动力系统[M]. 地球科学,1998,23(3):281-284.

[34] 康永尚,庞雄奇. 油气成藏流体动力学系统分析原理及应用[J]. 沉积学报,1998,16(3):80-84.

[35] 康永尚,郭黔杰. 盆地流体动力系统研究——指导油气勘探的一条有效途径[R]//高德利. 中国科协第 21 次"青年科学家论坛"报告文集. 北京:石油工业出版社,1997.

[36] 毕研鹏. 富林洼陷成藏动力学系统综合研究与含油远景评价[M]//田世澄,毕研鹏. 论成藏动力学系统. 北京:地震出版社,2000.

[37] 田波.孤南凹陷成藏动力学系统研究[M]//田世澄,毕研鹏.论成藏动力学系统.
　　　北京:地震出版社,2000.

[38] 蒋有录,谭丽娟,荣启宏,等.东营凹陷博兴地区油气成藏动力学与成藏模式[J].
　　　地质科学,2003,38(3):413-424.

[39] 曾溅辉,郑和荣,王宁.东营凹陷岩性油藏成藏动力学特征[J].石油与天然气地
　　　质,1998,19(4):326-329.

[40] 卓勤功,向立宏,银燕,等.断陷盆地洼陷带岩性油气藏成藏动力学模式——以济
　　　阳坳陷为例[J].油气地质与采收率,2007,14(1):7-14.

[41] 李筱瑾.济阳坳陷浊积岩含油气系统及成藏动力学[M].北京:地质出版社,1999.

[42] 朱芳冰.莺歌海—琼东南盆地独特的泥岩压实特征及其成藏动力学意义[C]//费
　　　琪.成油体系与成藏动力学论文集.北京:地震出版社,1999.

[43] 张树林,田世澄,陈建渝.断裂构造与成藏动力系统[J].石油与天然气地质,1997,
　　　18(4):261-266.

[44] 张树林,叶加仁,杨香华,等.断陷盆地的断裂构造与成藏动力系统[M].北京:地
　　　震出版社,1997.

[45] 张树林,田世澄,陈建渝,等.陆相断陷盆地的成藏动力系统[C]//费琪.成油体系
　　　与成藏动力学论文集.北京:地震出版社,1999.

[46] 杨甲明,龚再升,吴景富,等.油气成藏动力学研究系统概要[J].中国海上油气(地
　　　质),2002,16(2):92-97.

[47] 龚再升,杨甲明.油气成藏动力学及油气运移模型[J].中国海上油气(地质),
　　　1999,13(4):235-239.

[48] 郝芳.超压盆地生烃作用动力学与油气成藏机理[M].北京:科学出版社,2005.

[49] 张厚福,方朝亮.盆地油气成藏动力学初探[J].石油学报,2002,23(4):7-120.

[50] 姜建群,廖成君,张福功.指导油气勘探的新思路——从含油气系统到油气成藏动
　　　力学[J].西北地质,2002,35(202):34-40.

[51] 姚光庆,孙永传.成藏动力学模型研究的思路、内容和方法[J].地学前缘,1995,22
　　　(3-4):200-204.

[52] 孙永传,陈红汉.石油地质动力学的内涵与展望[J].地球前缘,1995,22(3-4):9-
　　　140.

[53] 吴冲龙,毛小平,王燮培,等.三维油气成藏动力学建模与软件开发[J].石油实验
　　　地质,2001,23(3):301-311.

[54] 陈广军,隋风贵.埕岛地区构造体系归属探讨[J].大地构造与成矿学,2001,25
　　　(4):405-411.

[55] 杨绪充.含油气区地下温压环境[J].东营:石油大学出版社,1993.

[56] 肖焕钦,刘震,赵阳,等.济阳坳陷地温-地压场特征及其石油地质意义[J].石油勘
　　　探与开发,2003,30(3):68-70.

[57] 胡圣标,张容燕,罗毓晖,等. 渤海海域盆地热历史及油气资源潜力[J]. 中国海上油气(地质),2000,14(5):306-314.

[58] 龚育龄,王良书,刘绍文,等. 济阳坳陷大地热流分布特征[J]. 中国科学(D辑),2003,33(4):384-391.

[59] 程本合,项希勇,穆星. 济阳坳陷沾化凹陷东部热史模拟研究[J]. 石油实验地质,2000,22(2):172-188.

[60] 李丕龙. 济阳坳陷"富集有机质"烃源岩及其资源潜力[J]. 地学前缘,2004,11(1):317-322.

[61] 肖卫勇,王良书,李华,等. 渤海盆地地温场研究[J]. 中国海上油气(地质),2001,15(2):105-110.

[62] 郭随平,施小斌,王良书. 胜利油区东营凹陷热史分析——磷灰石裂变径迹证据[J]. 石油与天然气地质,1996,17(1):32-36.

[63] 苏向光,邱楠生,柳忠泉,等. 沾化凹陷构造——热演化研究[J]. 西安石油大学学报(自然科学版),2006,21(3):9-12.

[64] 李志明,张金珠. 地应力与油气勘探开发[M]. 北京:石油工业出版社,1997.

[65] PEDERSEN J,JORLYKE K B. Fluid flow in sedimentary basin:Model of pore water flow in a vertical fracture[J]. Basin Research,1994(6):1-16.

[66] HUBBERT M K. Darcy law and the field equation of the flow of under-ground fluids[J]. Trand. Amer. Inst. Min. Metal. Eng.,1956,207:222-239.

[67] 万天丰. 构造应力场研究的新进展[J]. 地学前缘,1995,2(2):226-235.

[68] 王连捷,张利容,袁嘉音,等. 地应力与油气运移[J]. 地质力学学报,1996,2(2):1-10.

[69] 李学森,吴时国,吴汉宁,等. 运用古地磁方法测定油气成藏时限——以桩海地区下古生界潜山油气藏为例[J]. 油气地球物理,2006,4(1):23-30.

[70] 谭明友. 山东北部滨海地区负反转断层及古生界负反转结构成因分析[J]. 石油地球物理勘探,1996,31(6):851-855.

[71] 韩文功,季建清,王金铎,等. 郯庐断裂带古新世—早始新世左旋走滑活动的反射地震证据[J]. 自然科学进展,2005,15(11):1 383-1 388.

[72] 漆家福. 渤海湾新生代盆地的两种构造系统及其成因解释[J]. 中国地质,2004,31(1):15-22.

[73] 宗国洪,肖焕钦,李常保. 济阳坳陷构造演化及其大地构造意义[J]. 高校地质学报,1999,5(3):275-282.

[74] HUNT J M. Generation and migration of petroleum from abnormal pressured fluid compartment[J]. AAPG Bulletin,1990,74(1):1-2.

[75] BACHUS,Under,SCHULTZ J R. Hydrogeology of formation waters,north-eastern Alberta basin[J]. AAPG Bulletin,1993,77(10):1 745-1 768.

[76] 曾溅辉. 沉积盆地中地质流体运动与油气成藏[J]. 海相油气地质,2005,10(1):37-42.

[77] 何仕斌,李丽霞,李建红. 渤中坳陷及其邻区新生界沉积特征和油气勘探潜力分析[J]. 中国海上油气(地质),2001,15(1):61-71.

[78] 林玉祥. 桩东凹陷西洼油气资源潜力分析[J]. 地质地球化学,2000,28(4):37-42.

[79] 张照录,王华,杨红. 含油气盆地的输导体系研究[J]. 石油与天然气地质,2000,21(2):133-135.

[80] 付广,薛永超,付晓飞. 油气运移输导体系及其对成藏的控制[J]. 新疆石油地质,2001,22(1):24-26.

[81] 谢泰俊,潘祖荫,杨学昌. 油气运移动力及通道体系[M]//龚再升,李思田,等. 南海北部大陆边缘盆地分析与油气聚集. 北京:科学出版社,1997.

[82] GALEAZZI J S. Structral and stratigraphic evolution of the western Malvinas basin,Argentina[J]. AAPG Bulletin,1998,82(4):596-636.

[83] 张卫海,查明,曲江秀. 油气输导体系的类型及配置关系[J]. 新疆石油地质,2003,24(2):118-120.

[84] 赵忠新,王华,郭齐军,等. 油气输导体系的类型及其输导性能在时空上的演化分析[J]. 石油实验地质,2002,24(6):527-532.

[85] 赵勇,戴俊生. 应用落差分析研究生长断层[J]. 石油勘探与开发,2003,30(3):13-15.

[86] 李勤英,罗凤艺,苗翠芝. 断层活动速率研究方法及应用探讨[J]. 断块油气田,2000,7(2):15-17.

[87] 陈荣书. 石油及天然气地质学[M]. 北京:中国地质大学出版社,1994.

[88] 李明诚. 石油与天然气运移[M]. 3版. 北京:石油工业出版社,2004.

[89] SIBSON,RICHARD H. Structural permeability of fluid-driven fault-fracture meshes[J]. Journal of Structural Geology,1996,18(8):1 031-1 042.

[90] 李丕龙,张善文,宋国奇,等. 断陷盆地隐蔽油气藏形成机制——以渤海湾盆地济阳坳陷为例[J]. 石油实验地质,2004,26(1):3-10.

[91] 蒋有录,查明. 石油天然气地质与勘探[M]. 北京:石油工业出版社,2006.

[92] 张善文,王永诗,石砥石,等. 网毯式油气成藏动力系统——以济阳坳陷新近系为例[J]. 石油勘探与开发,2003,30(1):1-10.

[93] 郝芳,邹华耀,姜建群. 油气成藏动力学及其研究进展[J]. 地学前缘,2000,7(3):11-21.

[94] 常象春,张金亮. 油气成藏动力学:涵义、方法与展望[J]. 海洋地质动态,2003,19(2):18-25.

[95] 张义纲,陈彦华,陆嘉炎. 油气运移及其聚集成藏模式[M]. 南京:河海大学出版社,1997.

[96] 郝芳,等.超压盆地生烃作用动力学与油气成藏机理[M].北京:科学出版社,2005.

[97] 卓勤功,蒋有录,隋风贵.渤海湾盆地东营凹陷砂岩透镜体油藏成藏动力学模式[J].石油与天然气地质,2006,27(5):620-629.

[98] MILLER R G. Estimation of global petroleum resources and their exploitation time[J]. Science and Technology Development in Petroleum Geology,2000(4):19-34.

[99] 李明诚,单秀琴,马成华,等.砂岩透镜体成藏动力学机制[J].石油天然气地质,2007,28(2):209-215.

[100] 曾溅辉,王洪玉.层间非均质砂层石油运移和聚集模拟实验研究[J].石油大学学报(自然科学版),2000,24(4):108-112.

[101] MAGARA K. Compaction and fluid migration,practical petroleum geology[M]. Amsterdam:Elsevier Scientific Publishing Company,1978.

[102] BAKER C E. Primary migration—The importance of water-organic-mineral matter interactions in the source rock[C]. AAPG Studies in Geology,Tulsa,Oklahoma,1980.

[103] MCAULIFE C D. Oil and gas migration-chemical and physical constraints[J]. AAPG Bulletin,1979,63(5):767-781.

[104] HADBERG H D. Methane generation and petroleum migration[C]. AAPG Studies in Geology,Tulsa,Oklahoma,1980.

[105] MAGARA,K. Mechanisms of natural fracturing in a sedimentary basin[J]. AAPG Bulletin,1981(65):123-132.

[106] HUNT J. Generation and migration of petroleum from abnormally pressured fluid compartments[J]. AAPG Bulletin,1990(74):1-12.

[107] PETER J. Ortoleva. Basin compartmentation:Definitions and Mechanisms[J]. AAPG Memoir,1994,61:39-50.

[108] 郑和荣,林会喜,王永诗.埕岛油田勘探与实践[J].石油勘探与开发,2000,27(6):1-3.

[109] 常洞峰,李竟好,柳文秀,等.埕岛东斜坡地区浊积水下扇沉积模式及分布规律[J].油气地质与采收率,2003,10(6):31-33.

[110] 袁向春,钟建华,高喜龙,等.埕岛东斜坡水下扇沉积特征[J].石油与天然气地质,2003,24(2):146-151.

[111] 孔凡仙,林会喜.埕岛地区潜山油气藏特征[J].成都理工学院学报,2000,27(2):116-122.

[112] 高喜龙,杨鹏飞,李照延,等.埕岛复式油气田聚集特征[J].复式油气田,1998(3):5-7.

[113] 杨凤丽,周祖翼,廖永胜.埕岛复杂油气田的油气运聚系统分析[J].同济大学学

报,2001,29(7):838-844.

[114] 杨凤丽,周祖翼.陆相盆地复式含油气系统研究——埕岛例析[M].北京:石油工业出版社,2000.

[115] 孔凡仙.埕岛油田地质与勘探实践[M].北京:石油工业出版社,2000.

[116] 陈永红,鹿洪友,曾庆辉,等.应用生烃动力学方法研究渤海湾盆地埕岛油田成藏地质时期[J].石油实验地质,2004,26(6):580-583.

[117] 周长江.极浅海油田开发技术与实践[M].北京:石油工业出版社,2000.

[118] 杜玉山.埕北30下古生界潜山古岩溶发育特征[J].桂林工学院学报,2006,26(1):273-279.

[119] 刘家铎,孟万斌,周文,等.埕岛—胜海潜山带的古岩溶作用[J].古地理学报,1999,1(4):79-85.

[120] 黄成刚.桩西、埕岛地区下古生界古潜山储层地球化学特征及形成机制[D].成都:成都理工大学,2005.

[121] 鹿洪友.埕岛油田东斜坡区成藏条件与成藏模式研究[D].广州:中国科学院研究生院,2003.

[122] 高喜龙.埕岛油田埕北30潜山储层评价与成藏模式研究[D].广州:中国科学院研究生院,2003.

[123] 高喜龙,李照延,杨鹏飞,等.层序地层学在埕岛油田东斜坡隐蔽油气藏勘探中的应用[J].石油地球物理勘探,2002,37(增刊):210-220.

[124] 杨鹏飞,张磊,李大伟,等.渤海埕岛油田东斜坡古近纪东营组划分与对比及沉积[J].山东地质,2003,19(增刊):47-50.

[125] 操应长,姜在兴.渤海湾盆地埕岛东斜坡地区东三段油气成岩成藏模式[J].矿物岩石,2002,22(2):64-68.

[126] 张明,卢裕杰,介玉新,等.不同加载条件下岩石强度尺寸效应的数值模拟[J].水力发电学报,2011,30(4):147-154.